财富全知道

让孩子从小·学会理财

（英）威廉·怀特海德　费利西娅·劳　格里·贝利　著

（英）马克·比奇　插图

傅瑞蓉　译

华夏出版社

HUAXIA PUBLISHING HOUSE

目录 Contents

世界货币

国家货币

家庭理财

个人理财

World Money

世界货币

谁需要钱?

世界上每个人都要用钱。钱的正式名称是"货币"。在不同的国家,货币的样子看上去各不相同,它们有不同的名称,也有完全不一样的价值,但是无论如何,它们都发挥着"钱"的作用。这是因为,世界各国的政府决定了什么样的钱是可以合法使用的。

大家一致认可

每一个使用钱的人(我们知道,每个人都要用钱,因此这也就等于说世界上每一个人)全都同意,货币是这样一种东西:

* 它是计量财富总值的单位。
* 你可以用它来换取东西,或者你可以用它来进行买卖。
* 它也可以作为一种商品,你可以像买卖咖啡一样地买卖美元和英镑。
* 你可以用它来奖励员工,也可以把它当做礼物送人。总之,你可以用它做你想做的任何事情。

但是,所有人都承认,它是有价值的。

日复一日，货币的价值变还是不变？

买东西的时候，每个人都同意他们的货币的价值。一般来说，日复一日，每一枚硬币或每一张纸币的价值，或者说购买力，并不会出现太大的变化。一美元就是一美元，不管是今天还是明天，它都能购买到差不多相同数量的东西（尽管可能稍有差别）。

当然，如果一个国家突然发生了非常重大的事件，比如说战争，那么，硬币和纸币的价值就有可能会突然改变。在发生这种事件的时候，有可能会出现食物匮乏的情况，这时，你购买一袋大米或许就不得不使用比以前更多的钱了。而且要记住，在没有发生灾难的时候，也可能会出现这种情况。

相信钱

因此，每个国家都有自己的货币。每个生活在其中的人都相信它、使用它并接受它，都认为它具有一定的价值。但是，我们也相信其他国家的钱吗？并且也会毫不犹豫地使用其他国家的钱吗？为什么我们需要使用其他国家的钱呢？

也许我们与另一个国家之间相距千万公里，但是，就贸易而言，当我们购买其他国家的商品时，一般都需要用其他国家的货币来进行支付。

实际上，所有的货币都是世界货币。

货币已经有6 000年的历史了

世界上的各种货币并没有什么新奇独特之处，这是因为贸易并不是什么新生事物。国与国之间进行贸易往来已经有好几千年的历史了，也就是说，随着商人的四处走动以及货物的买卖，各个国家之间不断地发生着货币的交换。

物物交换

大家都知道，当两个人都想得到对方手中的东西时，毫无疑问，物物交换或者以货易货是一个好方法。这丝毫不足为奇。真正令人惊讶的是，物物交换持续了那么长时间，而且还出现在了那么多个不同的社会中。

在人类社会的早期，当我们的祖先在一个地方定居下来并在那里种植庄稼的时候，他们通常都会发现，有太多东西需要种植了，同时他们拥有的东西又太少了。他们需要拿剩余的产品去交换，以换回他们需要的东西。这就意味着将会出现市场，也意味着将会产生交易。

最早的交易是物与物之间的交换。当然，买卖双方要想就他们各自拥有的商品的价值达成一致意见，并确定双方都想要对方的商品，并不是一件很容易的事情。

超越村落范围

起初，是一个村落或部落的人与另一个村落或部落的人进行物物交换。随着时间的推移，无论是必需品（例如钵、盆和织物等），还是奢侈品（例如珠宝和葡萄酒等），它们的交易都变得越来越频繁了，同时商人们的活动范围也变得越来越大，他们会长途跋涉到更远的地方去交换货物。随着交易量的不断增长，物物交换的形式也就变得越来越复杂了，人们需要一种更好的交易方式。

硬币的出现

物物交换的发展最终导致了硬币的出现，它是"交换的媒介"。后来，同样充当"交换的媒介"的纸币也出现了。而这就意味着，大家已经普遍接受了货币是货物的替代品，并且货币自身就是有价值的。换句话说，现在货物可以与货币进行"交换"了，或者说，可以用货币去交换货物了。

硬币的安抚作用

然而，在被当做"交换的媒介"之前，硬币就已经被使用了很长的一段时间。最初，硬币并不是用来交易的，而是用来安抚敌人的。英语中的动词"pay（支付）"源于拉丁语中的"pacare（给付）"这个单词，它的原意是"安抚"或者"讲和"。如果一个部

落想与另一个部落讲和，那么，它就会支付给另一个部落一些双方都能接受的"有价值的东西"，这样，这两个部落就能够实现和平。

早期的硬币的作用就在于此。

飘洋过海

就在几百年前，世界贸易打开了各个国家的大门。现在，商人们穿越重洋，跨越大洲，开辟了一条条贸易线路，它们纵横交错，通往全世界的每一个角落。国与国之间的贸易进一步扩大了。

新兴的商人

在整个 16 世纪和 17 世纪，陆上和海上贸易都得到了极大的发展，涌现出了许多新的大港口，围绕这些港口的地方后来都发展成了繁华的商业中心。

随着对外贸易的发展，出现了一大批商人和探险者，他们用本国的商品换了许多本国没有的稀有物品，然后再把这些物品卖给本国的富人——当然，这些富人以前可能从来没有见到过这些东西。通过这种方法，这些商人自己也变得富裕起来了。

来来往往

1271 年，马可·波罗跟随他的父亲和叔叔离开了意大利的威尼斯，一路向东旅行，最后到达了中国。中国当时恰好是元朝，在伟大的忽必烈的统治之下。他们是穿过古代的"丝绸之路"到达中国的，并且在中国待了整整 24 年。马可·波罗证明了与遥远的国家进行贸易是可能的，也是有利可图的。

随后，欧洲的航海探险家，比如哥伦布、瓦斯科·达·伽马和麦哲伦，开始向东航行，然后再折向西方，发现了新的大陆和新的交易机会。

差不多在同一个时期，中国的郑和也携带着一些最基本的航海图、地图和航海设备，向相反的方向行进，即由东向西航行。他的船队是当时有史以来最庞大的船队。

对外贸易

他们都希望能够发现新的富裕的国家，他们可以在那些国家里搜集各种极具异国情调的产品——从烟草、橄榄油、香料到黄金、玻璃制品和珍禽异兽（如猴子）。

销售的商品

国外的食品

油和香料

珍禽异兽

黄金和贵重的珠宝

所有这些商品都是新奇而令人激动的，人们很乐意把它们带回家。

7

繁忙的海洋

人们很容易想当然地认为，我们买到的丝绸服装都产自于中国和泰国，我们喝的茶叶都来自于印度，葡萄都是从西班牙空运来的，小朋友的爸爸们开的汽车都是日本制造的。今天，国际贸易对我们来讲，实在太熟悉了。

巨大的贸易港口

随着贸易的增长，发展出了许多巨大的国际港口。新加坡成了东西方贸易的枢纽。许多欧洲的港口，比如意大利的热那亚、葡萄牙的里斯本、英国的伦敦，成了航海探险的出发地。当然，这些地方也成了贸易和商业的中心。

今天，几乎每一个拥有海岸线或者拥有与海相通的大型河流的国家，都拥有一些大型的港口。

集装箱运输

现在，世界各国的大部分货物都是先装进集装箱，然后通过海轮运往世界各国去的。集装箱里的货物可以随意堆放，它更方便运输货物。我们可以把集装箱装满货物之后再装上轮船、卡车和火车，而且装卸集装箱也很容易。

全世界的大港口
中国的上海港
新加坡的新加坡港
中国的香港
韩国的釜山港
阿拉伯联合酋长国
　（阿联酋）的迪拜港
荷兰的鹿特丹港
中国台湾地区的高雄港
德国的汉堡港
美国的洛杉矶港

钱是把我们联系在一起的纽带

如果没有钱，现代贸易就不可能发生。因此，是钱把我们联系在了一起。工作、消费、储蓄、旅游……全都与钱有关。其实，钱把你和千千万万个其他人联系在了一起，其中有许多是你完全陌生的人。所有这些人都影响着你的生活！

下面，就让我们来看个究竟：钱到底是什么东西？

世界货币

事实是，货币并不是某一个特定的国家发明出来的。在全世界的许多国家和地区，都曾出现过货币，这些货币都有自己的演变过程。当某种货币出现后，随着它在不同国家之间的交流和传递，它的形式也在不断地发生着变化。

鼓

贝壳

羽毛

珠子

早期的罗马硬币上印着罗穆卢斯（Romulus）和雷穆斯（Remus）的头像，他们是孪生兄弟，罗马国的创立者

来自希腊和中国（原文此处误为日本。——译者）的两枚非常古老的硬币

有价值的硬币

后来，在世界各地，小块的银和金充当了一般等价物，只不过有些地方早一些，有些地方晚一些而已。这些贵重的金属之所以被选中，是因为它们本身就是有价值的。它们能够充当衡量价值的标准尺度，由此每个人都知道一头牛或一只鸭子到底值多少金币。

小玩意儿

在过去，各种各样让你意想不到的小东西，都曾经被人们拿来当钱使用过——琥珀、珠子、贝壳、鼓、蛋、羽毛等，不胜枚举。

纸币

纸币始于欧洲，它最早其实是人们把黄金存入金匠的金库时的收据。这种收据事实上是一个承诺，它承诺在该收据被它的所有者出示时，金匠必须支付一定金额的黄金。很快地，这些收据本身也就变成了一种货币，即纸币。直到今天，我们还在使用纸币。

各国的纸币
从上到下依
次为：
尼泊尔
马来西亚
埃及
美国
欧洲
中国

与 "钱" 有关的一些词汇

货币

被大家所普遍接受的钱的形式，包括纸币和硬币，由各国政府发行。

面值

硬币种类很多，比如说欧元、瑞士法郎和澳元等，全世界有几百种不同的硬币。硬币和纸币上清楚地印着它们的价值，这就是所谓的面值。

票面价值

票面价值通常指的是，印刷在纸币和硬币上面的、人们一般会相信的货币的价值。

法定货币

法定货币指的是，被一个国家政府所采纳的通行的各种货币，在它们上面印有各种不同的面值。

你自己的钱

阿富汗

阿尔及利亚

以下列举了世界上一些国家和地区的货币，以及它们特殊的名称。

澳大利亚

不丹

巴西

智利

中国

捷克

匈牙利

印度

阿尔巴尼亚

阿根廷

阿塞拜疆

孟加拉国

保加利亚

加拿大

克罗地亚

丹麦

冰岛

印度尼西亚

埃及

阿富汗	阿富汗尼
阿尔巴尼亚	阿尔巴尼亚列克
阿尔及利亚	阿尔及利亚第纳尔
阿根廷	阿根廷比索
澳大利亚	澳大利亚元
阿塞拜疆	阿塞拜疆马纳特
孟加拉国	孟加拉塔卡
不丹	不丹努扎姆
巴西	巴西雷亚尔
保加利亚	保加利亚列弗
加拿大	加拿大元
智利	智利比索
中国	人民币
克罗地亚	克罗地亚库纳
捷克共和国	捷克克朗
丹麦	丹麦克朗
埃及	埃及镑
匈牙利	匈牙利福林
冰岛	冰岛克朗
印度	印度卢比
印度尼西亚	印度尼西亚盾

日本

伊拉克

韩国

伊朗

马来西亚

南非

新西兰

巴基斯坦

秘鲁

菲律宾

瑞士

土耳其

乌克兰

英国

伊朗	伊朗里亚尔
伊拉克	伊拉克第纳尔
日本	日元
韩国	韩元
马来西亚	马来西亚林吉特
墨西哥	墨西哥比索
摩洛哥	摩洛哥迪拉姆
新西兰	新西兰元
挪威	挪威克朗
巴基斯坦	巴基斯坦卢比
秘鲁	秘鲁新索尔
菲律宾	菲律宾比索
罗马尼亚	罗马尼亚列伊
俄罗斯	俄罗斯卢布
沙特阿拉伯	沙特阿拉伯里亚尔
南非	南非兰特
瑞典	瑞典克朗
瑞士	瑞士法郎
泰国	泰铢
土耳其	土耳其里拉
乌克兰	乌克兰格里夫纳
英国	英镑
美国	美元
越南	越南盾

摩洛哥

挪威

罗马尼亚

俄罗斯

沙特阿拉伯

泰国

美国

越南

外　币

　　如果世界上所有的国家都使用同一种纸币和硬币，那么，这个世界肯定会变得简单很多。如果真是那样，那么，我们所有人都将使用同一种"世界泰勒（worldthalar）"，就像某些早期的科幻作家所描述的那样。但是，我们知道，几乎每个国家都有它自己的货币，即使这些货币都叫同一个名称，并且也有相同的货币单位，比如说元、分，但也并不意味着它们的实际价值是相同的。

购买货币

　　如果你打算到国外去度假，那么，你就需要购买外国货币。举例来说，如果你打算去法国，那么，你就需要欧元；如果你打算去美国，那么，你就需要美元；如果你打算去中国，那么，你就需要人民币。

　　你可以向银行购买外币——大多数银行都有外汇柜台，甚至邮局也有，只要你想要的外币不是太不寻常的就不会有问题。在邮局里，你可能无法兑换到阿尔巴尼亚列克或哥伦比亚比索，但是兑换欧元、美元和英镑是没有问题的。在换汇时，每一个出售外币的机构都会向你收取一定的费用，这项费用是按你所兑换的总价值的百分比来计算的，每笔业务只收取少量的费用。

外国货币

当你碰到别的国家发行的硬币和纸币时，会怎么样呢？它还是钱吗？是的，它当然是钱。因为你可以用它在发行它的国家里买东西，也可以用它去购买其他国家的货币。

举个例子来说，如果你拿到了日元，你可以用它来购买英镑或美元或其他货币。这就是所谓的货币兑换。

外汇交易行情表上显示的是世界上主要货币的买进和卖出价格

你通常能够在当地的兑换处以相当合算的汇率兑换货币

汇率

在兑换外汇时，由于汇率不一样，你在银行（或者在网上）兑换往往要比在大街上的外汇处兑换更加合算。不过，请你注意，购买外汇和卖出外汇时的汇率是不一样的。当你购买外汇时，你总能获得一个更好的汇率，因为货币兑换商通常会给出两个汇率。不过，在你回国之前，你最好把你所有的外币都花出去。

15

货币兑换

  当国与国之间进行贸易时，大多数国家都想使用本国的货币来做买卖。因此，在发生国际贸易之前，有可能会发生货币贸易。举例来说，如果你想从中国购买一些灯笼，那你就必须用中国的人民币进行支付。这就意味着你得先用你自己国家的英镑或美元或比索去购买人民币。

使用美元

  目前，许多国家都把它们本国货币的价值与美元的价值挂钩，这样事情就变得简单了。这就是所谓的固定汇率制度。那么，这种制度是怎么运行的呢？

  每个国家决定多少本国货币才值1美元呢？它大致是这样的：1元人民币 = 0.16美元。这意味着，你将需要用6元多的人民币才能买到1美元。

如果你给中国的供货商1美元的话，那你就会得到6只灯笼和一些零钱。

  有时候，如果双方都同意使用某一种货币（比如说美元）时，贸易就会变得更加容易了。因此，假设1只中国灯笼的价值为1元人民币，那么，

浮动汇率

　　有些货币的汇率是可以自由"浮动"的。这个意思是，货币的汇率每天都会有所变化。货币的价值取决于市场供求关系。有些货币很受欢迎，人们愿意购买和投资它们，它们的价值就高；有些货币不太受人欢迎，它们的价值就会较低。

买入和卖出货币

　　汇率每天都会被公示出来，世界各国的人都能看到。银行和货币兑换商（其实是每个与货币有切身关系的人）都会仔细地研究各种货币的汇率，以保证自己能够以合适的汇率来兑换他们自己需要的货币。

　　货币的买卖与货物的买卖是一样的，比如说跟小麦和石油的买卖一样。货币贸易商在做买卖时也需要时刻提高警惕，因为汇率分分钟都在发生变化。

　　如果你在早上的时候买进了 1 000 美元，也许在下午时它有可能值更多钱了。

贸　易

　　大多数国家用它们所赚到的钱做的事情都与买卖有关，而买和卖则与贸易有关——人们用钱购买他们所需要的东西，并且也把东西卖给有需要的人。贸易让货币流通了起来。

贸易——协议

　　因为贸易涉及货物的交换，也就是让买卖双方都感到满意的交换。贸易总是涉及协议或合同，交易一旦完成就不可更改；你履约了，你便完成了一笔交易，这样这笔交易也就结束了。这就是交易的全部。

专业化

　　几千年前，当人们第一次在村庄定居下来并且开始了农耕生活之后，便通过与其他村庄进行交换的方式来处理他们多余的产品。与此同时，一些村庄开始在某些事情上比别的村庄做得更快、更好，比如说在制作箭头、猛犸象吊坠上。这就是所谓的专业化，它创造了更大的贸易需求。

国际贸易

同样的道理也适用于今天，只不过今天专业化的生产规模更大而已。一些国家或者民族地区往往专注于制造和提供与其他国家相比，具有天然优势的产品和服务。

假设这个世界上只有两个国家：沙特阿拉伯和牙买加。沙特阿拉伯盛产石油，它生产出来的石油远远超出了本国的需要，但是这个国家的土地却无法种植甘蔗，而沙特阿拉伯的每个人都想要红糖；牙买加因为气候适宜，它适合种植大量的甘蔗，但是它却需要进口石油来提炼汽油和取暖的燃料等。

再假设沙特阿拉伯与牙买加之间的贸易不存在任何障碍，那么，沙特阿拉伯就可以向牙买加出口石油，而牙买加则可以向沙特阿拉伯出口红糖。它们可以相互交换两国各自拥有的最有优势的商品。

夜晚灯火通明的炼油厂

牙买加的甘蔗种植园

这种专业化的贸易允许某个国家出售商品以赚取金钱，从而购买它自己无法种植的产品和不能生产的原料及其产品。

这就是所谓的国际贸易。

19

进出口

相互购买

向国外购进商品和服务在国内销售，这被称为进口。进口需要花费进口国的钱，因为进口公司需要为这些货物和服务付款。因此，钱是由国内向国外流出的。

国家之所以要进口某些商品和服务，是因为这些商品和服务是必需的，但是本国又无法把它们生产出来，或者也可能是因为从国外购买比在自己国家制造更加便宜。

配额

大部分进口都会有一些限制条件，比如说进口税，通常也把它称为"关税"。在通常情况下，只能进口一定数量的商品，这就是所谓的配额。

比方说，在你自己的国家，有很多工人通过制造汽车谋生。如果你的国家允许进口大量的更便宜的外国汽车，那么能够卖出去的当地汽车会更少，汽车工人就会失业。因此，有时候这种保护是必要的。

相互销售

出口是指本国提供商品和服务供其他国家的公司和政府购买。出口或大量向国外出售商品，对一个国家是有利的，因为它能为一个国家带来现金并创造财富。

通过出口赚得的钱有利于增加一个国家的财富。出口通常是按照供应商的货币支付的。这些出口的货物和服务都是出口国很容易生产出来的，而又都是国外所想要的。

比如说，美国之所以出口耐克鞋，是因为它很受欢迎，而不是因为进口耐克鞋的国家需要它。同时，美国有大片大片的土地都非常适合种植小麦，因此，美国通常出口小麦到那些无法自己种植小麦的国家。

易趣（eBay）

易趣是世界各国的人用来完成交易的许许多多个新平台之一。通过易趣，交易双方就不需要相互碰面了——他们在网上进行交易。

易趣是世界上最大的在线交易市场。试着想象一下，这是一个超过1亿个人在做买卖的大市场！在一定程度上，它就像一个当地的街头市场，只不过它存在于网络空间而已。在这个全球性的拍卖网站上，人们不仅可以相互买卖东西，还可以进行聊天、讨价还价，就像是数百年前的古老的集市一样。

易趣上有许多职业卖家，而且与这些职业卖家一样，还有数以百万计的人，他们通过在易趣上销售东西而增加自己的收入。

保持贸易平衡

有时候，你会听到某个新闻播报员说，你们国家的贸易出现了盈余（出超）或赤字（入超）。他们会报出一个数百万英镑或者几十亿英镑的数字。你可能想知道，做这些贸易的到底是哪些人？为什么要用那么多的钱？现在让我告诉你吧，它没你想象得那么复杂。

保持平衡

一个国家的贸易平衡与这个国家向国外出售的东西和从国外购进的东西有关。

大多数国家都试图在进口和出口之间找到平衡，因此，当它们向国外出口大量货物的时候，也会同时进口大量的货物。

总之，流进和流出一个国家的货币是这个国家的经济的组成部分。

贸易差额

一个国家的出口与进口之间的差额叫作贸易差额。进口与出口相当叫作贸易平衡。

国际收支平衡表

国际收支平衡表被各国政府用来记录它们国家资金的流动情况。一个国家有了国际收支平衡表，它就能够确知进出口之间的经常项目差额是否可以接受，或者是否需要采取某种措施来实现平衡。每个国家每年都要编制国际收支平衡表。

世界上最大的进口国及地区

* 美国 ●
* 德国
* 英国
* 法国
* 日本
* 中国
* 意大利
* 加拿大
* 中国香港
* 荷兰

世界上最大的出口国

* 中国 ●
* 美国
* 德国
* 日本
* 法国
* 韩国
* 荷兰
* 俄罗斯
* 意大利
* 英国

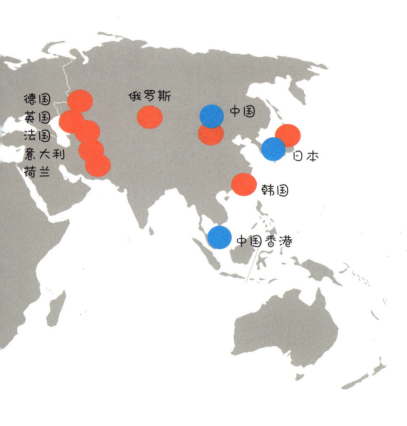

各个国家都在卖些什么东西？

世界上的大部分货物都由以下 10 个国家所出售，那么，它们都在卖些什么呢？

| 中国 | 电力机械，数据处理设备 | |

 德国 机动车辆，机械，化工，纺织品，交通运输设备，食品

美国 工业用品和材料，食品

日本 汽车  半导体

法国 农产品 机械，车辆

韩国 半导体，电信设备

荷兰 机械设备，化学品，燃料

 意大利 纺织品和服装，生产设备

俄罗斯 石油和其他石油产品

英国 制成品，化工产品，食品

服装，纺织品，铁，钢　　光学和医疗设备

计算机和电子产品，电气设备，
橡胶和塑料制品　　医药，金属

 汽车，消费品，燃料和石油产品　　动物饲料，饮料，飞机　

钢铁　　汽车零部件，塑料原料和发电机械

 塑料，化学品，饮料　　药品，铁，钢，电子产品　

汽车，计算机，钢　　船舶和石油化工产品

食品　

 汽车，化工产品，食品　　饮料　

机械产品，运输设备，矿产品和有色金属

天然气，金属，木材，其他木制品，化工产品，军事装备和武器

饮料

世界品牌

　　一个品牌可以是一个产品，也可以是一组产品或者一个公司，但是它不止于此。它是一个名字、一种联想。当你想起某个产品或者某一组产品时，它早已深深印入你的脑海之中了。它们往往是非常宝贵的资产，因为人们愿意为某一公司的强势品牌产品支付更多的钱。

世界品牌

　　"可口可乐"可能是全世界最为人们所熟知的品牌了。也就是说，当你想到一种褐色的、甜甜的、让你觉得非常好喝的碳酸饮料时，跳入你脑海中的第一个词便是"可口可乐"。"耐克"是另一个会让人们马上就认出来的品牌。

　　一个品牌同时也是一种承诺。几乎所有知名品牌的拥有者都会努力创建并维系一整套消费者喜欢和理解的价值观。他们都希望自己的品牌代表着某种值得信赖的、诚实的东西。

苹果公司因它的计算机和软件而闻名于世

麦当劳是一个备受人们喜爱的饮食店品牌

可口可乐是一种世界性的饮料

耐克公司的商店遍布全球各个角落

顶级品牌

　　每年许多人都会被问及他们心目中最好的品牌是哪些。有意思的是，在美国，大多数顶级品牌都已经融入美国人的生活当中了。所有以下这些品牌你可能都认得出来：

盖普　　　　苹果
迪士尼　　　耐克
麦当劳　　　可口可乐
肯德基　　　星巴克

海 关

由于今天我们生活在一个高科技的世界当中，因此，在国际贸易中，国与国之间的大部分买卖都是利用汇票，通过电话、互联网和银行来完成的。

汇票

如果在买卖中使用汇票，那么，当某一位贸易商决定支付一定金额给另一位贸易商时，他就可以要求银行来进行支付。汇票里面会标明需要支付的金额以及支付的日期。

税收和关税

一旦货物被送达码头或机场，它们就会被装进某一个仓库里储存起来，直到它们通过海关的检验为止。

这是为什么呢？因为各国政府都可以从国际贸易中赚钱。政府通过向这些进口货物征收一种叫作"关税"的税收而赚钱。

不管你信不信，关税也可以作为一种对抗另一国的武器。如果A国基于某种原因想制裁B国，它就可以运用高额关税对B国的进口商品征收高额关税，这样，B国便不可能再以合理的价格出售商品，它的出口贸易就会受到损害。

要缴纳哪些税

关税

海关人员的职责有两个：一是检查过境货物；二是征收合理的关税。关税类型主要有两种——

从量税 它是按照货物的数量来征收的，比如说规定一桶石油收多少税，而与一桶石油的具体价值无关。

从价税 它是按照货物总价值的百分比来征收的。

缴纳关税

每次你出国旅游以及旅游回国时，你都会通过海关。在海关，你有可能会被拦下来接受检查。

海关人员会检查你的行李，以确保在你的行李里没有携带什么需要支付关税或其他税收的东西。你被允许携带一定数量的免税商品。但是如相机、手表之类的物品，可能就要纳税了。

你最好对你所携带的物品先进行报关；如果不报关，那你就违法了，到时候海关对你的罚款会让你花掉更多的钱。

制定价格

任何商品的定价都基于以下两点：即生产商品的成本，以及人们愿意为这个商品所支付的价格。有些产品被认为是"价格敏感型的"，关于这类商品，有些是生活必需品，如牙膏，人们每天都要用到，但是认为它价值并不高；另一些则是奢侈品，它们的价格往往与价值无关。

供给与需求

供求关系指的是一种市场运作的方式——人们如何决定他们愿意购买的某种商品的数量。

如果供给和需求是平衡的，那么愿意购买某一种商品的人数将和愿意销售这一商品的人数相当。

需求或供给过大

但是，如果太多人想要购买商品，而商品的供应有限，或者很难买到这种商品，那么问题就来了：由于商品的稀缺，这类商品的价格就会上涨，但是价格上涨会导致购买者的成本太高，这样，购买者的需求就会下降；而需求下降又会导致卖家生意惨淡，甚至有可能破产。

讨价还价

讨价还价是让商品价格降低的一种办法。从某种意义上说，讨价还价这件事，每个人都会做。当然，国际贸易商所做的通常并不叫"讨价还价"，他们所做的事被叫做"谈判"。每个人都希望能够支付最优惠的价格，所以，这往往意味着你给出的价格是卖方愿意考虑的价格。

合适的价格

因此，制定出一个合适的价格是非常重要的，以确保人们愿意以这个价格来购买商品。任何商品的价值都是人们愿意为它支付的价值。但是，大部分商品也都有一个市场价值——它是建立在人们通常准备为类似商品支付的价格的基础之上的。

价格始终是重要的。人们用于消费的钱是有限的，如果他们在某一种商品上花费了过多的钱，那么，他们在另一种商品上就不能再花钱了。如果某一种商品的价格上涨了，那么，其他竞争性的商品或者更便宜的商品就会卖得更好。

卖家可能会想要商品价格再高一点，于是买家就会提高一点点，慢慢地，通过这种讨价还价的方式，最终买卖双方就会选取一个折中的价格，这样双方都会满意。

黄　金

黄金是一种贵重金属，它的价值在于它的柔软性，以及它的韧性。这也意味着它可以不打碎就能够很容易地被制成许多细小的金属丝。它也非常重，它的重量是同等体积的水的19倍；而且与大多数金属不同，大多数金属被加热后都会软化，但是黄金却不会轻易地吸收热量，因此，即使在非常热的状态下，它也仍然能够保持原状。

克拉黄金

黄金是用"克拉"这个单位来衡量的。这个名字来自于一种古老的度量方法，比如说1克拉，它相当于一颗角豆的重量。

克拉现在用于判断黄金的纯度。24克拉黄金是纯度最高的一种黄金。

●●●●●●●●●●

黄金是一种贵重金属

金本位制

千百年来，黄金一直是价值的标准，是货币尺度的基础。黄金有助于各国之间进行贸易。如果一个国家实行的是金本位制，那么，它可以按需要把本国的货币兑换成黄金，并且同意以固定价格买入或卖出黄金。到1900年，所有的主要国家在相互进行贸易的时候，都采用了金本位制。

黄金储备

如今，货币是建立在美元价值的基础之上的，而不是基于全世界的宝贵的黄金储备。但是，黄金仍然是一种非常有价值的金属。之前，当黄金还是一种最重要的货币衡量尺度时，各国政府都大量囤积黄金，但如今，它们都躺在了金库里。

1980 年的时候，世界黄金的价格达到了顶峰，但是在今天，黄金的价格只值 1980 年的 1/4 了。由于黄金价格的下跌，各国政府都在重新考虑它们的黄金库存量。英国、瑞士、荷兰、比利时、加拿大、阿根廷和澳大利亚等国的中央银行，全都已经售出了大量的库存黄金，甚至像澳大利亚和加拿大这样的主要黄金生产国，也在销售黄金。

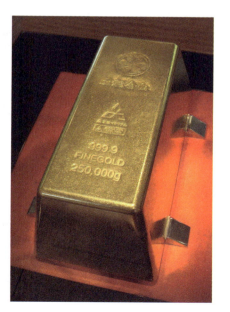

三菱综合材料株式会社铸造的金条

谁在储存黄金？该储存多少？

美国的金库里有世界上最多的黄金储备——大约储存着 7 500 000 公斤的黄金。

其中，最大的一块金条重达 200 公斤，它是由日本的三菱综合材料株式会社于 1999 年 12 月铸造的。这块黄金的纯度为 99.99%，宽 19.5 厘米，底长 40.5 厘米，高 16 厘米。

银行业务

一直以来，世界各国银行对全世界贸易和工业的发展起到了重要的推动作用，它们使得商人、制造商以及其他厂商之间的资金往来变得更为便捷；如果没有世界各国银行的贡献，我们这个世界有可能完全不一样。

银行的起源

对早期的商人来说，不幸的是，这个世界并不如现在这般安全。如果他们随身携带大量的金钱，那么，他们就有可能会让自己陷入危险的境地，比如有可能遭遇抢劫。

但是后来，在意大利北部，一些贵族家庭在各个不同的城市设立了银行代理商。它们允许客商把钱存入自己家乡所在的城市的银行里，以换取一张"信用证"。这张信用证能够随身携带，并且在任何一个城市的银行里都能兑换成真正的钱。

有了银行之后，商人们面临的另外一个问题就不是问题了，即当他们需要筹集一大笔资金，以用来雇用船只、购买货物时，他们可以不必使用自己的钱，而是向银行借款。当然，这需要支付部分利息给银行。

银行投资者

今天，许多大银行在世界各国和地区都设有分支机构，它们进行大笔金额的交易，并投资于外币、小企业和大公司。

中国上海的金融中心，它拥有多家令人印象深刻的高耸入云的银行和金融大厦

庞大的银行业

现在世界各国的每一个大城市都会有一个金融中心，许多公司都在那儿开展金融业务。但有一些国家的城市金融中心会比其他国家的城市金融中心更大，也更有影响力。现在银行业已经是每个国家商业生活的重要组成部分了，银行家们所做出的决策，使得每一秒钟都会有巨额资金在全球流动。

世界银行

世界银行并不是一个真正意义上的银行，它是联合国的一个机构，获得了 184 个不同国家的支持。这些国家共同努力，以确保世界银行有足够的资金，同时也控制着世界银行花钱的方式。这些国家齐心协力成立世界银行的目的，是为了能够及时地帮助那些世界上较为贫穷的国家。

摆脱贫困

世界银行声明："我们的梦想是一个没有贫穷的世界。"这也是它的使命。我们生活在这样一个世界里：有些国家连普通人都非常富裕，这些国家的人均年收入超过了 4 万美元；而与此同时，在一些最为贫困的国家里，一个普通人的收入每年只有 700 美元。这两个数字的差距实在是太大了！在我们这个星球上，最贫穷的人不仅遭受粮食短缺之苦，而且还缺失教育、医疗卫生、水和电，而这些是最基本的生活必需品。

救援

为此，世界银行伸出了援助之手，它发放贷款，提供补助金，并为穷人们提供技能培训。世界上最富有的 40 个国家，每年都会拿出数十亿美元，去帮助那些世界上最贫穷的 26 个国家的人们，以改善他们的生活，让他们的生活变得更美好。

近些年来，世界银行同时在实施的援助项目都超过 2 000 个。除此之外，总还是不断会有新的紧急情况出现需要它去资助。它赞助了很多项目，比如给贫穷国家和地区的人民打急需用的水井和装置供水系统等。

新的水井为村民们带来了干净的水

孤儿们在学校里吃饭并接受教育

新的学校将为大家带来教育机会

货物正从慈善组织的仓库里派发出去

IMF（国际货币基金组织）

　　IMF 是国际货币基金组织的代称，虽然它也不是严格意义上的银行，但它是一个筹集和分配巨额资金的机构。它拥有 1 210 亿美元的资金。这是一个多么庞大的数字啊！

　　但是，它把钱借给谁呢？为什么要出借呢？跟世界银行一样，国际货币基金组织致力于帮助世界各地的国家，它的工作对象涵盖了所有的国家，无论贫富。它希望为了全球的利益，大家都能够一起工作和贸易。如果各国相互合作，发展贸易，那么，我们这个世界将更加充满信心，也更加稳定。

国际货币基金组织（IMF）的目的：
* 促进国际货币和汇率的稳定。
* 帮助扩大国际贸易的均衡增长。
* 帮助建立各个国家间更便捷的支付系统。

使用同一种货币

在欧洲，有一些国家相互合作、彼此贸易，甚至共用同一种货币，它们就是欧洲联盟当中的 19 个国家。这些国家称它们自己为欧元区。

ECB

ECB 指的是欧洲中央银行。众所周知，欧洲中央银行是欧洲单一货币欧元的中央银行。

欧元是一种新的货币。它是 1999 年开始在 12 个欧洲国家率先使用的，这些国家不再分别使用法郎、里拉和马克以及其他货币。现在其他一些国家也加入进来了。

欧洲央行的主要任务是确保欧元的稳定，这就意味着它要时刻关注各个同盟国的商品价格，以确保 1 欧元的货币不管在哪儿使用都能买到相同数量的商品。因此，如果一杯咖啡在法国价格为 1 欧元，那么，它在欧元区的任何地方都应该是 1 欧元。

共用欧元的国家

以下 19 个国家共用欧元

* 奥地利
* 比利时
* 塞浦路斯
* 爱沙尼亚
* 芬兰
* 法国
* 德国
* 希腊
* 爱尔兰
* 意大利
* 拉脱维亚
* 卢森堡
* 马耳他
* 荷兰
* 葡萄牙
* 斯洛文尼亚
* 斯洛伐克
* 西班牙
* 立陶宛

单一货币

与其他国家共用同一种货币意味着什么呢？这些国家的人们语言各异，彼此远隔千里，他们都有各自不同的生活，同样也做着不同的工作。

事实证明，单一货币体系远比许多人在 1999 年时所想象得更为困难，施行起来也更容易失败。

正在建设中的智能化的、新的欧洲央行总部

共用同一种货币真的好吗？

好的地方：

* 贸易变得更加便利了，因为再也不需要兑换货币了。

* 某个国家货币贬值的风险也不复存在了。

* 欧洲的公民能够到欧洲的任何一个国家去搜寻某一种商品的最优惠的价格。

* 劳动力和货物可以在欧洲各国之间进行更为自由的流动。

* 货币由欧洲央行管理，它不受任何一个特定国家的影响。

不好的地方：

* 这个系统对较大的欧元区国家更为有利，而对较小的欧元区国家则不是太为有利。

* 如果欧元区的某些国家陷入太多的债务当中，那么，它们有可能会给本区内的其他国家带来一些负面影响。

* 欧元走强会提高欧元区商品的购买价格，这样不利于出口。

世界财富

世界上有富有的人，也有富有的国家。他们因为与其他国家进行贸易而变得富有，他们有可能卖的是原材料，比如说铁矿和木材，或者有可能卖的是他们国家一些人的某些特殊的技能。

国内生产总值（GDP）

一个国家的富裕程度，是通过生活在这个国家的人在任何一年内，对国家的总体财富的贡献多少来衡量的，或者是通过他们赚了多少钱来衡量的。这个衡量标准就叫作国内生产总值，简称GDP。

美国是一个绝佳的例子。它拥有大量的自然资源，并且利用这些自然资源使国家变得富有了。中东的一些小国家因为出口宝贵的石油资源而变得很富有。卢森堡是一个小小的非工业化国家，但是那里住着许多富有的人。这主要是因为它的税收政策。

最富有的国家和地区

* 卡塔尔
* 卢森堡
* 新加坡
* 挪威
* 文莱达鲁萨兰国
* 中国香港
* 美国
* 阿拉伯联合酋长国
* 瑞士
* 澳大利亚
* 加拿大
* 奥地利
* 爱尔兰
* 荷兰
* 瑞典
* 冰岛
* 中国台湾
* 德国
* 科威特
* 丹麦

美国、阿根廷和澳大利亚有大量的草原可供饲养牛，它们的牛肉出口到世界各国

生活成本

有些国家可能很富有，但是它们的生活成本也很高。它们被称为高生活成本的国家。

如果你想赚钱，但又想低成本地生活，那么就避免去以下这些国家和地区：

* 日本
* 韩国
* 俄罗斯
* 中国台湾
* 挪威
* 中国香港
* 瑞士
* 丹麦
* 阿根廷
* 中国

韩国拥有巨大的船舶工业。它的船只销往全球各地

卡塔尔、文莱、阿拉伯联合酋长国、科威特拥有丰富的石油资源，它们把石油销售到世界各国

七国集团（G7）

"七国集团（G7）"是一个术语，它特指世界上工业和商业最发达的七个国家。

携手合作，共同发挥作用

七国集团的目的是，通过召开年度首脑会议，以及各种政策会议和研讨会，来讨论世界的经济和政治形势。这些会议和研讨会的结果也会对世界经济和政治形势产生影响。会议的地点通常设在各成员国，但每年都会改变。

最近，一年一度的七国集团首脑会议主要关注并反对被认为是增长过快（过分追求高额利润）的大公司。有时候这些成员国看起来似乎对增加本国的财富更为感兴趣，甚至超过了帮助贫困国家提高社会财富的兴趣，然而，在一些大问题上，它们表现的意见却相当一致，比如说世界和平、携手合作以及化解各方矛盾冲突。

七国集团成员
* 加拿大
* 法国
* 德国
* 意大利
* 日本
* 英国
* 美国

正在崛起的大国

或许七国集团的成员国已经开始变得落后了，新兴的富裕国家正在崛起。中国对世界经济增长的贡献是欧元区 12 国的 3 倍，印度也不甘落后。目前，世界经济正在发生着翻天覆地的变化，各经济大国都参加到了世界经济事务中，因此，现在出现了一个更大的全球性组织，它由 19 个国家再加上欧盟组成。

这个组织的成员国有
* 澳大利亚
* 印度
* 阿根廷
* 法国
* 中国
* 加拿大
* 俄罗斯
* 巴西
* 德国
* 印度尼西亚
* 沙特阿拉伯
* 南非
* 墨西哥
* 意大利
* 日本
* 美国
* 土耳其
* 英国
* 韩国
* 欧盟

加速发展

事物随时都在不断地发生变化。当较为富裕的国家出现问题时，它们的经济增长就有可能减缓、停滞甚至更糟（请参见下图中淡蓝色和淡黄色的部分）。而较贫穷的国家大多在非洲、南美洲和亚洲，由于受益于国外的援助和投资，这些国家的经济已经开始增长了，而且增长得很快（请参见下图中橙色和红色的部分）。

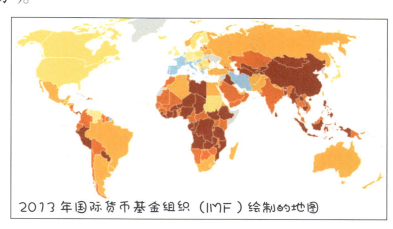

2013 年国际货币基金组织（IMF）绘制的地图

世界贫困

就像人一样，某个特定的国家也可以被认为是贫穷的。一个贫穷的国家可能是人均 GDP 很低的国家，也可能是自然资源相当贫乏的国家，还有可能是没有能力出口货物来赚钱的国家。贫穷背后的原因之一可能是自然因素造成的，比如天气、土壤成分、地形和地貌等。如果一个国家的绝大多数土地是沙漠，那么便很难种植出足够的东西来养活全国人民，更不用说有多余的物品供出口了。贫穷背后的原因之二，也可能是这个国家没有任何矿产资源（比如金属）和石油可供开采和出售。

数以百万计的人生活于贫困当中

贫穷的意思并不是说，你无法为你所处的社会做出贡献。贫穷仅意味着：资源匮乏、教育缺失以及你健康不佳；你生活在恶劣的环境当中，比如你的周围是繁忙而拥挤的道路、工厂，甚至是废品堆放场；你甚至有可能需要到垃圾场中去寻找食物，或者通过捡垃圾而谋生。

贫穷意味着你没有尊严地生活着，对未来的希望十分渺茫。全世界大约有 10 亿人生活在令人绝望的条件之下。

世界上最贫穷的国家和地区

* 海地
* 尼泊尔
* 南苏丹
* 科摩罗
* 几内亚比绍
* 莫桑比克
* 埃塞俄比亚
* 几内亚
* 多哥
* 马里
* 阿富汗
* 马达加斯加
* 马拉维
* 尼日尔
* 中非共和国
* 厄立特里亚
* 利比里亚
* 布隆迪
* 津巴布韦
* 刚果（金）

它们为什么会这么贫穷呢？

有些国家之所以贫穷，原因有很多，其中气候是一个重要原因。在许多情况下，贫穷是由于恶劣的气候条件和突发性的自然灾害共同作用的结果。还有些国家的城市人口过多，也是一个原因。生活在城市中的许多人无法找到工作，甚至没有一个栖身之地。

用废弃物拼凑而成的破破烂烂的家

像这样的贫民窟是人体各种疾病的温床

没有资源

一个贫穷的国家之所以贫穷，或许还因为可用的资源太少，它既不能在本国资源的基础上发展本国经济，也无法把资源出口到国外去，更没有机会与国际市场接轨。在许多贫穷国家，根本不存在现代工业。然而，世界上很多的富裕国家就是通过工业化而创造财富的。此外，有些贫穷的国家一直依赖于一些价值不断在下降的商品，这也是贫穷的一个原因。

在我们这个星球上，还有12亿人的生活费每天不足1美元。

45

让世界更平等

债务对这些贫穷的国家不会有任何帮助。多年以来，许多贫穷的国家都在向富裕的国家借钱，它们借钱的目的是为了养活自己国家的人民，有时候甚至是为了支付战争费用。

第三世界国家债务

我们都知道当我们欠债无法偿还时意味着什么，即使我们欠债的对象是我们自己的母亲。但是，如果借钱者是一个国家，那么，当它还不起拖欠其他国家的债务时，又会怎么样呢？

在 2000 年年初，世界银行列出了 42 个负债的国家。这些国家有时候被称为重债穷国。许多重债穷国的负债数额实在是太大了，以至于连债务利息都无法全部偿还，更不用说是债务本金了。

更加糟糕的是，这些国家把那些原本应该用于卫生健康事业、教育事业以及建设事业的钱，全都拿来还债了。

免除债务

有些事情已经迫在眉睫而不得不做了，于是，在 1996 年，一些债权国最终一致同意，贫穷国家需要摆脱它们的债务负担，而要做到这样，债权国只需简单地抹去债务记录或者"忘记"债务就可以了。

46

免除债务计划的成功

为了获得免除债务的资格，这些重债穷国必须把它们原本用于偿还债务的钱，拿来用在摆脱饥饿和贫困上。

今天，在列名单中的 40 个重债穷国，其中有 32 个国家已经被世界银行和国际货币基金组织成功地免除了债务。

援助

有些国家甚至已经取得了更大的成功。排名前 10 位的经济增长最快的国家包括安哥拉、缅甸、埃塞俄比亚、柬埔寨、尼日利亚和卢旺达，所有这些国家都是当前最大的受援国。世界银行的博客指出，当今大多数的低收入国家将在 2025 年达到人均中等收入水平。

少量的现金能够帮助农民们种植庄稼并且获得丰收，进而把多余的农产品用于出售

给予知识

也许再也没有国家、机构或组织贷款给贫穷国家了。现在大家一致认为，帮助重债穷国的人民让他们接受教育、进行技能培训和提高知识水平，远比给它们现金管用得多。

公平贸易

多年以来，富裕国家生产的粮食已经远远超过了它们自己的所需。但是，这些富裕国家并不是告诉它们的农民少生产粮食，而是坚持认为应该把这些多余的大量的糖、小麦和水稻卖给这些贫穷国家——以特别便宜的价格。

"施舍物"

听起来，这种做法像是给贫穷国家的一种施舍，似乎会对它们有所帮助，但事实上毫无助益。进口食品的价格比贫穷国当地生产的产品的价格要便宜，因此，虽然富裕国家的农民处理掉了他们多余的库存商品，并且从中获得了收益，但贫穷国家的农民却因此而失去了生意并蒙受损失。

公平贸易组织的标志

这并不公平

大型企业可能不会受此影响，因为它们的财富让它们拥有了巨大的权力，大到足以影响政府决策的地步。当然，这是不公平的！

因此，一些规模较小的公司建立了一个被称为公平贸易的体系。在公平贸易中，农民和其他供应商能够为他们所提供的商品争取到一个公平的支付价格。

48

公平和绿色

你会仔细考虑你所购买的东西吗？你是一个"绿色购物者"吗？

香蕉种植户携手合作，与全球的采购商签订了公平贸易协定

就像公平贸易一样，绿色购买把我们带回到了道德层面上。它倡议我们购买健康的商品，或者让我们不要去购买会导致南美洲的热带雨林受到破坏的商品。如果我们每个人都能够一起努力，那么，大家的力量就足以对我们赖以生存的环境带来巨大的益处。我们购买的所有东西归根结底都是来自地球的，而且我们一直都在以这样或那样的方式影响着地球，尽管我们并不一定能够直接看到结果。

绿色购买

绿色购买并没有那么容易做到，这不仅因为你可能要为此多付出一些钱，而且还因为绿色产品的销售点很难找到。但是，如果你想购买那些对地球有益的商品，那么，你就可以加入数以百万计的想改变现状的人群当中。

谨慎购买

贸易咖啡公司是一家能够确保种植咖啡的农民的收入不会过低的公司。你可以在许多商店和咖啡馆买到这家公司的咖啡。

美体小铺是另外一家公司，当它向供货商购买化妆品原材料时，会确保供货商获得一个合理的报酬。

灾　难

大体上，任何一个国家都可能会时不时地遭受某些灾难的侵袭。这些灾难有可能是洪水、地震，甚至还有可能是战争。各种各样的灾难都会迅速地对一个国家的商业和贸易产生影响，甚至还有可能影响到国家机构正常运行的能力。

干旱……

不幸的是，对于自然灾害，除非在它发生之后，否则，在面对时，人们一般都是无能为力的。北部和中部非洲的许多地方都有干旱的历史，现在和过去唯一的区别是，现在干旱是每 5 年发生一次，而不是每 10~15 年发生一次，而且比以往更为严重。干旱带来的是粮食的歉收和饥荒。

……饥荒

还有一些原因也会导致饥荒，比如说，快速的人口增长，较小的农场规模，落后的耕作方式，人们过度砍伐森林，贫瘠的土壤，等等。

例如，现在的埃及南部国家，每年都有 20 亿吨的表层土要么被吹走，要么沿着蓝色尼罗河被冲到埃及。这些表层土都来自埃及南部国家的可耕作土地，农民们要依靠它们来种植庄稼，而现在它们却被带到了这里。

食物援助

考虑到人口规模，我们很容易就可以搞清楚，为什么像干旱这样的自然灾害会导致如此严重的后果，许多国家仍然需要依靠食物援助来养活自己千千万万的人民。

50

战争

　　一旦爆发战争——无论这种战争是国与国之间还是国家内部各组织之间——战争各方都会在士兵和军事装备上花费数百万美元，而这些美元原本都是可以用来购买食物的。据估计，全世界各地的战争导致每天都要花去数百万美元。

　　战争除了给人们的生活带来痛苦、恐惧和动荡不安之外，它还占用了许多人力资源。而这些人力资源本来是可以用来发展国家经济和提高人们生活水平的。

一个人被派去打仗，他就不能为国家的经济增长和繁荣贡献自己的力量了

战争难民被迫住进了临时营地

战争中

　　目前还处于战争中的国家包括

* 南苏丹
* 黎巴嫩
* 伊拉克
* 叙利亚
* 肯尼亚
* 也门民主共和国
* 刚果
* 菲律宾
* 印度
* 阿富汗
* 哥伦比亚
* 马里
* 埃及
* 索马里
* 尼日利亚
* 利比亚
* 土耳其
* 俄罗斯
* 乌克兰
* 以色列
* 斯里兰卡
* 乌干达
* 缅甸

相互帮助

也许你的生活非常舒适和安逸，之前你对外面的世界一无所知。但是现在每天电视和报纸的新闻都会报道说，外面的世界存在着许多问题和不公正之处。如果你关心世界的发展，关心地球上的其他人，想成为一个"地球公民"，那么现在就应该放眼世界了。

慈善组织

慈善组织是这样一些组织，即它们总是以各种不同的方式去帮助那些需要帮助的人。你或许知道许多大型的慈善组织，或许你还时不时地受到过它们的帮助呢！这些组织的成员会在第一时间里奔赴灾区，并给予当地紧急救助。这些组织大多获得了极好的口碑。无论它们被设在何地，它们都长期致力于促进改善教育和医疗卫生事业。

孩子们在学校里学习技能

UNICEF

UNICEF 是指联合国儿童基金会，它是一个为儿童争取权利的慈善机构。它不分性别，为所有儿童提供良好的基础教育。有些国家在教育方面并没有给予女孩同等的待遇。健康项目也很重要。联合国儿童基金会致力于让尽可能多的儿童都有机会注射拯救生命的疫苗。被剥削或被虐待的儿童是这个组织优先救助的对象，一些国家的儿童被迫入伍或成为童工，他们的工作时间很长，但是报酬却很低。

红十字会

　　红十字会和红新月会是世界上最大且独立的人道主义国际联合会运动组织机构，它拥有一亿多成员。这个组织努力做到对世界各地的灾难和冲突迅速地做出反应。它为受灾的民众提供食物、水、住所和医疗用品，它也培训医生、护士和修建医院，会针对许多人道主义问题（例如禁止布设地雷）提出自己的建议。

救助儿童会

　　救助儿童会在全世界 40 个国家都有它的足迹。它的目的是帮助一些贫穷的家庭改善儿童健康状况并给他们提供接受教育的机会，它同时也提供必要的现金资助。它能够迅速地救助那些陷于灾难之中的儿童，比如在海啸、地震和战争中受灾的儿童。

　　在有些地方，比如说在苏丹，慈善组织会给当地居民分发一些基本的食物，如大米、牛奶和面包等。在那里，由于干旱的气候条件，造成了当地居民营养不良，同时还给他们带来了其他疾病。

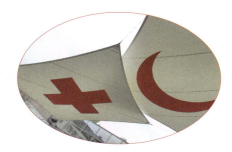

红十字和红新月会的标志

红十字会志愿者正在准备救援用的食物

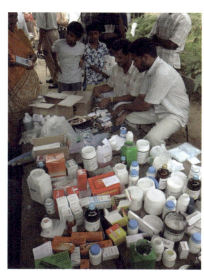

医疗用品总是需要的

快乐的财富

世界银行在全球拥有 180 个成员国，它通常是根据这些成员国所拥有的货币财富来判断它们的富裕程度的。但是，现在它还要衡量其他一些东西，比如教育经费、人权记录和人均预期寿命，同时还要衡量一国的文化价值、民众的自我价值实现程度和群体参与情况。

国民幸福总值并不等于国内生产总值

不丹是喜马拉雅山脚下的一个海拔较高的多山王国。这个国家的民众甚至走得更远。他们如今的统治者是吉格梅·辛格·旺楚克国王，他认为，幸福感远比财富更重要。不丹是世界上唯一一个用国民幸福总值（GNH）来衡量福祉的国家。

优先考虑的事情

大多数国家的政府首脑都对自己国家买卖东西的能力心存忧虑，担心自己的国力是否能够负担得起它所需要的东西。但是不丹并非如此。它的国王旺楚克认为，如果他的国家试图发展经济，与其他国家接轨，那么就会牺牲掉他们古老的传统、遗产和文化，以及美丽的山区环境。在不丹，民众优先考虑的确实是幸福感，而不是经济财富。

简单生活价值观

某些宗教的教规认为，幸福并不是由人们所拥有或占有的东西来决定的。虽然这可能有助于减轻人们因贫困带来的痛苦和鼓励人们慷慨大方，但是摆脱贫困还得靠我们的知识、想象力和生活技能。

甘地

莫罕达斯·甘地是一名印度律师，他带领印度迈向独立。他是一位伟大的政治家和思想家，同时也是简单生活价值观的一个象征。他认为，过简单生活会比追求金融财富更能给人带来快乐。

莫罕达斯·甘地的雕像

那么，到底谁是正确的呢？

能用生产能力和消费能力来判断一个国家的富裕程度吗？或者能以生活于这个国家的人的生活质量和幸福感来判断吗？我们应该更看重某些东西吗，比如说干净的水、绿色的森林、洁净的空气、传统的生活方式？如果一个国家通过砍伐森林来获取财富，那么，这难道不应该把砍伐森林造成的损失从它的财富中扣除吗？

55

联合的世界

携手合作

　　我们都希望看到一个和平稳定的世界，并且在这个世界上，每个人无论出身和背景怎样，都有机会过上自己最想要的生活。但是不幸的是，贫穷无处不在，数亿人生活在贫穷之中，甚至在世界上最富裕的国家中也有穷困潦倒的人。

　　在这个世界上，有这么多的财富、这么多的钱，怎么还会有那么多贫穷的人存在呢？这真是一件令人难以置信的事情。像国际货币基金组织这样的机构，正在尽它自己最大的努力去创造一个更加平等的世界，但是这并不容易！

你能帮忙吗？

你可能会认为，世界如此之大，自己又是如此渺小，对于世界上的大部分事情我们自己都是无能为力的，所以我们很容易就会耸耸肩说，我们真的没办法。但是，我们要知道，世界上的许多事情都有一个开端——一个重要的开端。

现在你知道了……

……去做慈善事业，特别是当灾难发生时，哪怕是你小小的一点捐助，都有可能改变一个人的命运。如果你拒绝购买由童工生产的产品，那么，你就是在帮助制止这种使用童工的做法。如果你寻找并购买有公平贸易标志的食品，那么，你就是在帮助那些有需要的贸易商。

金钱不是万能的

你现在已经知道了，虽然钱能够让我们的世界充满活力，但是其他一些东西也可能并且确实也能够做到这一点，它们与金钱同样重要。

Country Money

国家货币

一个国家的经济

你肯定知道，在许多情况下，人们都需要用钱。你也肯定看到过你的父母亲花钱时的情形，因为他们经常需要购买食物、要为汽车加油，还要付清来自电力公司或自来水公司的账单。你肯定非常清楚，你的零花钱是如何被你自己花掉的，或者你是如何把它存起来的，又或者你是如何把它用在了其他你需要用钱的地方的。但是你的国家，也就是你所生活的国家，同样也需要钱，而且还需要很多很多的钱！

不同国家需要的钱的数额有多有少

每个国家需要的钱的数额是不一样的，因为有些国家需要的钱的数额多一些，而有些国家需要的钱的数额则少一些。国家越大，它所需要的钱可能就会越多。然而，有些国家虽然幅员辽阔，但是城市和村镇并不多，人口也比较稀少；而有些国家虽然面积不大，只不过是一个弹丸之地，甚至可能只是一片小岛屿，但是却人满为患，拥挤不堪。

一个国家所需要的钱的多少，取决于这个国家为生存和居住于这个国家的人民提供服务时所需要花费的钱的多少。

60

让国家运转起来

让一个国家运转起来，必须花钱，而且要花在许许多多不同的事情上。人们需要到处走动，所以必须建造公路、铁路和机场，把各个地区都连接起来。工厂里制造出来的或农场里种植出来的物品要运送到其他地方去，因此，港口和河流也是很重要的。

人们需要接受教育，需要上大学。当人们年老或生病时还需要照顾，甚至有些人还需要一些特殊的护理。

保护公民和公民财产的法律需要警察来执行，国家需要法院来给罪犯定罪，国家还需要建造关押罪犯的监狱。

国家还需要军队来保家卫国，甚至还可能派自己国家的军队去别的国家，以帮助其他国家保卫疆土。

国家还需要有人来管理，需要开展各项活动，因此，国家需要为这些人建造办公室、各种会议所需要的办公大楼……

如图所示。

国家需要现金

并不是所有国家的政府都会把钱花在同样的地方。不过，大多数国家基本上都会把钱花在以下这些方面。

社会保障

社会保障是指为那些需要帮助的人、贫穷的人、生病的人、残疾人、老年人以及失业者提供关怀，有时候还要为他们提供居住的房屋。社会保障还可能涉及其他一些人，比如单亲父母、无家可归者和精神病患者。

工业、农业和就业

政府希望有尽可能多的人正常就业。政府可能会提供一些培训资助，或者直接给农民补贴，以帮助他们种植某些农作物。政府还可能会通过减轻税负，或支持新的建设和开发项目的方式，来促进工业的发展。

教育

大多数国家都把教育放在了它们必须做的事情的第一位。教育是一项昂贵的事业，因为要发展教育事业，国家就必须把学校建造好，并且配齐各种材料和设施，同时还需要对老师进行培训并支付工资。

法律和秩序

无论我们出门在外还是在家休息，都喜欢拥有安全感。国家通常会设立警察机关来确保公民的安全，因此，国家需要钱来支付警察的工资，并为他们建造办公室，还需要为他们支付交通费和培训费。

卫生保健

我们所有人都可能会生病，因此我们都可能需要去看医生或住院。许多国家都制定了国家健康计划，拨款给医院和诊所，并为在那儿工作的医生和护士支付工资，有时候还要出钱购买外科医生和专家所使用的高科技设备。在某些情况下，国家甚至还会支付某些药物的费用。

国防

每个国家都需要捍卫自己的疆土，特别是当它的邻国颇具侵略性的时候。这意味着，国家需要提供资金来建立军队，甚至还需要建立空军部队。如果一个国家有海域的话，那它还要建立海军部队。国防开支是一项国家需要支付的最昂贵的费用之一，因为国家必须为此购买现代化的武器和运输工具。

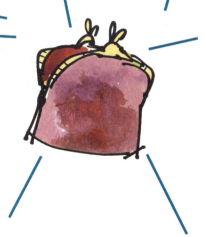

住房

政府需要解决的一个最大的问题是，为不断增加的人口提供足够的住房，同时又要确保不会破坏环境。这意味着要帮助开发商建造低成本的住房，或者建造出租所有权归当地政府机构所有的房子。

交通

对一个国家来说，为了提高工作效率，必须让货物和人员在各地自由流动，这就意味着需要修建公路、铁路和机场。

债务利息

政府所获得的大部分的钱都来自税收，而这些税收是由生活和工作在这个国家的人所缴纳的。不过，这并不总是足以支付所有的支出。当政府入不敷出时，它就必须向银行借钱，同时还要为贷款支付一定的费用或利息。这个还款和利息加起来可能会成为一个国家的沉重的负担。

数以10亿计的钱

当你数钱的时候，你可能是以个位数来计的。当然，如果你数的是你自己存下来的钱，那么或许你可能会以十位数来计；而如果是你生日时收到的一大笔意外之财，那么有可能会以百位数来计。你的父母亲在计算家庭收入和支出时可能会以千来计。但是国家运行所需要的钱，则是以万、百万、亿来计的，甚至偶尔可能会以万亿来计。

10亿是一个什么概念？

把 10 亿美元钞票摞到一起看起来像什么呢？好吧，如右图所示，这就是 10 亿美元钞票堆放在一起的情形。而如果把 10 000 亿美元堆起来，那它就是右图这个钱堆的 1 000 倍大。

以下是一些有关的数学计算：

100	一百	
1 000	一千	（是一百的十倍大）
1 000 000	一百万	（一百万是一千的一千倍）
1 000 000 000	十亿	（十亿是一千个一百万）
1 000 000 000 000	一万亿	（一万亿是一千个十亿）

10亿

10 亿是一个难以理解的数字，但是……

10 亿秒前是 1959 年。

10 亿分钟前耶稣还活着。

10 亿小时前是在公元前，我们人类的某些祖先还活着。

10 亿天前在地球上还没有双脚直立行走的人。

国家预算

国家想要为所有以上这些服务付钱，就需要大量的钱。

例如，在美国，政府会在它认为重要的事情上花费大约 3 800 000 000 亿美元的钱。这笔钱的金额是令人难以置信的。

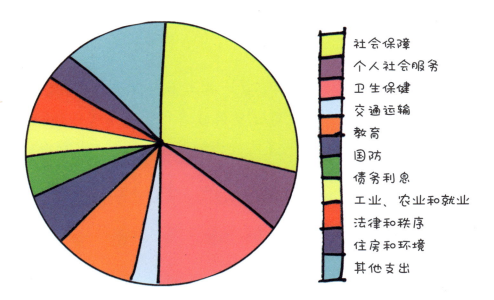

社会保障

个人社会服务

卫生保健

交通运输

教育

国防

债务利息

工业、农业和就业

法律和秩序

住房和环境

其他支出

那么，这些钱是从哪里来的呢？

政府如何筹集资金

　　也许你会认为，只要有需要，政府无论在什么时候都可以随心所欲地印钱。只要开动印钞机，钱就会从里面源源不断地出来。而实际是，对于大多数政府来说，事情并没有那么简单，它们依赖于每个人的贡献。以下就是政府资金的来源……

税收

　　一个国家的大部分钱都来自这个国家的居民。每一个挣钱的人，不管以何种方式挣钱，都必须把他们收入的一定百分比交给政府。这就是所谓的税收。几乎所有国家都以法律的形式作了规定，凡是有能力获得收入的人都必须缴税。

　　这是因为税收是法律规定的，如果不缴税便会受到极为严厉的惩罚。虽然有人会抱怨，不过他们还是能够理解为什么必须缴税。

　　富人缴纳的税可能更多，而穷人缴纳的税会更少，有的穷人甚至可能根本就不用缴税。不过几乎所有的人都会把钱投入到政府的"储钱罐"中。

更多的税收

国家收税的途径有很多种。所得税是根据人们的工资或者其他收入而征收的。

但是，税收也可以加入到各种服务中，甚至可以加入到你所购买的商品中。

有一种税被称为"增值税"，这种税被政府加进了商品和服务的价格中。这里所说的"商品和服务"，是指放在商店中销售的物品，以及产品加工、修理等服务。

有些税能够被加到特殊的食物和饮料中，尤其加入到那些奢侈品和一些对人们健康无关紧要的商品中。

许多政府对汽油和汽车征税，甚至还对飞机征税，目的是减少空气污染。

税收并不是新生事物

印加人是生活在美洲的古老的印第安人，他们居住在南美洲的安第斯山脉地区。在 16 世纪，西班牙人征服秘鲁期间，印加部落才被发现。印加人不使用钱，但是管理得非常好。

在印加人那里，钱就体现为工作。每个人通过修建道路、耕种田地、挖沟建渠以及修筑庙宇和堡垒而支付他们的"税负"。作为回报，印加部落酋长会支付给劳动者衣服和食物。金和银对印加人而言唾手可得，但是仅仅作陈列之用，而没有被视为钱。

税的高低

税收会因你居住的地方不同而有所不同。大多数国家的政府都试图尽量不向商人和劳动者征收太多的所得税（因为这样才能使政府更受民众欢迎），有些政府甚至根本就不征收任何所得税。

富人多缴税

在大多数国家，你赚的钱越多，你要缴纳的所得税也就越多。一般人都认为，你赚的钱越多，你能为维系国家的正常运转所做的贡献就越大。

政府根据人们不同的收入水平制定了一整套税率，并据此来计算你应该缴纳多少所得税。每个收入达到一定数额的公民，都必须按最低的税率缴纳所得税，比如说收入的25%，还有比25%更高的是40%，甚至还有比这更高的。

穷人少缴税

你赚的钱越少，你所要缴纳的所得税也就越少。在许多国家，如果你的收入没有达到一定的数额，就不用纳税。

政府会设定一个所得税的起征点。每个公民在起征点以下的收入是不用纳税的。通过提高和降低所得税起征点，政府能够缓解社会贫困问题。

富人不用缴税

较高的所得税可能会把富人赶到国外去，他们会搬到那些所得税较低或者根本不用缴纳所得税的国家和地区去。这些地方被称为避税天堂，它们包括卢森堡、摩纳哥的蒙特卡罗和英国的开曼群岛。这些国家和地区的经济依赖于当地政府征收的商品税，例如对汽车征收进口税。在这些国家和地区，国民的教育和医疗甚至没有一项是免费的，而且政府还会经营一些能够创造巨大利润的企业。

每个公民都要缴税

丹麦是世界上所得税最高的国家，最高税率达到68%，基础税率也从42%起征。丹麦的《税收法》是非常复杂的，有所得税、工作税、销售税、奢侈品税，以及企业必须按员工工资的百分比缴纳的各种税。作为回报，丹麦人可以享受免费医疗和免费的高等教育。

税务人员

当然，税收是不会自动到国家的国库里的，所以政府和其他地方当局雇用了一大批人员来管理和征收税款。他们的工作就是确保人们按时足额地缴纳税款。

税务人员的主要工作是监督政府的税收项目，包括对纳税申报和索赔的处理、根据税收目标对个人和企业进行登记、确定会计流程等。税务人员的工作任务是十分艰巨的。

税收有很多规则，因此税务人员必须熟知税法。他们需要评估信息、解释法律、调查纳税申报和索赔问题，然后解决问题。

一场赌博

有时候，一些国家和政府会通过其他方式来向人们筹集资金。在这种情况下，它们所采用的办法更像是某种形式的赌博，尽管这种赌博通常是有益的。

国家彩票

彩票是一种简单的筹集资金的办法，它是通过销售某种预先编好号的"票"来实现的。彩票的销售数量不限，然后在给定的某一天会公布中奖的号码，中奖号码的彩票持有者会赢得一笔资金。余下的彩票销售所得被用来支付教育费用，或者其他一些费用，或者还有可能捐给慈善机构。

有些人不认可彩票，因为他们认为购买彩票是一种赌博行为。但大多数人认为他们买彩票只不过是为了娱乐，而且还能做好事。

许多国家都发行国家彩票。通常销售国家彩票是为了支持许许多多的公益事业，比如慈善事业、体育事业等。在美国，有史以来被赢走的最大金额的彩票出现在2014年，3张中奖彩票的持有人领走

了共计6.56亿美元的奖金。

政府债券

有些国家的政府还通过民众投资的方式来筹集资金。它会发行储蓄债券，这是一种简单的票据，承诺当你想要兑现时，政府会连本带息地偿还给你。

储蓄债券主要是为了给一些特定的项目融资。

印钞票

　　有些国家极度需要筹集资金，因为它们的经济非常疲软。还有些国家甚至可能会破产，因为它们根本就没有钱。

　　津巴布韦是目前非洲最贫困的国家之一。14年来，这个国家一直被一个非常糟糕的政府统治着。津巴布韦的工业发展缓慢、农业歉收、出口下降。老百姓每天都在忍饥挨饿，他们每月只能挣得几美分。即使在今天，仍然有95%的津巴布韦人没有工作。

　　然而，津巴布韦的政府却继续在挥霍，它几乎把所有的钱都用在了自己身上。如果作为一个管理国家的政府，把劳动人民创造的财富全部都据为己有，那么，这个国家的经济必然会受到影响。国家经济不发展，是因为政府收取的钱无法回流社会，企业和人民得不到回报，从而导致大家都不努力工作或者根本就没有工作。

　　结果，津巴布韦政府只有靠不断地"借贷"或者印钞票，才能继续维持下去，否则就会完全失控。但这样，很快，这个国家的钱就变得毫无价值了。在2006年的时候，你需要3 000津巴布韦元才能换到1美元。过了3年，津巴布韦元已经毫无价值了，最后它被完全废止了，完全不能用它来购买任何东西。

这是津巴布韦发行的面额为万亿元的钞票，但它的价值还不如1美分。事实上，你需要100张这种钞票才能换到5美分

国家的现金

你的国家的货币叫什么？以下所列的是世界上的一些国家或地区的货币，以及它们的特别的名称。

阿富汗的**阿富汗尼**

阿尔巴尼亚的**列克**

阿尔及利亚的**第纳尔**

阿根廷的**比索**

澳大利亚的**澳元**

阿塞拜疆的**马纳特**

孟加拉国的**塔卡**

不丹的**努扎姆**

巴西的**雷亚尔**

保加利亚的**列弗**

加拿大的**加拿大元**

智利的**比索**

中国的**人民币**

克罗地亚的**库纳**

捷克的**克朗**

丹麦的**克朗**

匈牙利的**福林**

冰岛的**克朗**

印度的**卢比**

印度尼西亚的**印度尼西亚盾**

伊朗的**里亚尔**

伊拉克的**第纳尔**

日本的**日元**

韩国的**韩元**

马来西亚的**林吉特**

墨西哥的**比索**

摩洛哥的**迪拉姆**

挪威的**克朗**

巴基斯坦的**卢比**

菲律宾的**比索**

罗马尼亚的**列伊**

沙特阿拉伯的**里亚尔**

南非的**兰特**

瑞典的**克朗**

瑞士的**法郎**

泰国的**泰铢**

土耳其的**里拉**

乌克兰的**格里夫纳**

英国的**英镑**

美国的**美元**

越南的**盾**

铸造硬币

铸造硬币的工厂叫造币厂。起初，没有人相信硬币具有真正的价值，因此，每个国家的统治者就把他们自己的头像印在硬币上面。

每一枚硬币都出自铸造货币的工厂，这个工厂被称作造币厂。每个国家都会"铸造"它自己国家的硬币。

所有硬币一开始铸造的时候都是一种33厘米宽、457米长的金属条。这个金属条紧接着会被绕成圈，然后送入冲压机。冲压机把它冲压成一种叫做"坯饼"的圆形金属片，再然后把坯饼放入火炉中进行加热、软化。接着再把它放入加热器和干燥机中。这个准备工作还会让它变得闪闪发亮。

下一步就是在它上面刻上图案和字体。这个过程叫做"冲压成模"。把坯饼放在模子上，然后对坯饼进行冲压，坯饼上面就会被冲压出数字、文字和图案。

制造纸币

制造出来的纸币必须不容易被伪造。纸币的实际制造过程有很多秘密。

为安全起见，制造纸币的纸张是用棉纤维制成的。这种纸张还包含有一种不能被影印的特殊的纹线。

图文设计被刻在一种叫做凹版印刷版的钢板上。印刷时这些刻满线条和标记的钢板会被涂满油墨。

每一张纸币上都涂抹有一种特殊的混合油墨。这种油墨具有隐形而秘密的特点。这意味着银行和商店可以使用特殊的光线来检测出伪币。

大多数纸币都有水印设计，它是用模子雕刻到纸上去的。通常，安全线会在水印的条码之间若隐若现。

国与国之间的货币兑换

　　你肯定知道，用你自己国家的货币能够在本国的任何商店买到任何东西。你会用它去购买你所需要的以及你所想要的一切东西。但是，你可能不知道，货币本身也像任何其他商品一样是可以买卖的，比如说，像糖果和鞋子。有些人的工作就是买卖货币。事实上，全世界每天从早到晚，每时每刻都有人在买卖货币。

外汇兑换

　　为了购买某个国家的货币你得支付多少钱，这被称为汇率。货币的买卖是在外汇市场上完成的，外汇市场是全世界最大的货币市场。

有朋自远方来

　　当有国际友人到你的国家来参观访问时，他们是不能用自己国家的货币在你的国家的商店里买东西的。现在，我们不妨假设这些国际友人都来自美国，他们需要在外汇市场买入你的国家的货币。他们在这样做的时候，是根据一定的汇率，然后用美元支付的。

汇率

汇率是一国货币同另一国货币进行兑换的比率。是指你购买另外一个国家的货币所支付的钱。

你到底应该支付多少钱，取决于你要购买的货币的价值与你自己国家的货币价值之间的比率。

你必须考虑两种货币，即你自己国家的货币和外国货币。如果你去银行、旅行社或者某个专门从事货币兑换的机构，你通常会看到一张价目单，上面列出了你的国家的货币与许多外国货币进行交换的价格。

两种价格

通常会有两张价目单：一张是关于你购买某种外国货币时所要支付的价格；另外一张是关于你卖出某一外国货币时的价格。

一般来讲，除了在你自己的国家，你在任何一个国家卖出你自己国家的货币都是亏本的。

浮动汇率或固定汇率

汇率有可能是浮动的，也可能是固定的。如果是浮动汇率，那么，汇率取决于人们希望或愿意为某一个国家的货币支付多少钱。大多数国家都使用浮动汇率。

固定汇率的意思是，一种货币盯住另外一种比较受欢迎的货币，比如说美元。这种货币的价值会随着美元的价值变化而变化。

经 济

　　"经济"是一个国家所进行的所有活动当中可以喊得最响亮的一个词了。这是因为"经济"这个词，意味着每家商店的每一次微小的买卖，每个人在办公室和工厂里所做的每个小时的工作，每时每刻进出仓库的货物……都进行了加总。实际上，任何地方进行的任何商业活动，都可以称作"经济"。

从家里开始

　　当你的父母亲早上去上班的时候，他们就已经参与了经济活动。他们一整天都在制造产品或提供服务，而这些就是在为国家的经济做贡献。

　　你的父母亲得到的报酬，就是你和你的家人所赖以生存的收入。这些家庭收入将用来购买家庭所需要的商品和服务。这种支出就是所谓的消费支出。

　　通过这种方式，钱会流动到其他行业和服务中去，这样，钱就处于流通状态了。

钱会溜走，又能赚回来，还会变多。

经济繁荣

大部分国家的政府总是努力保持经济的兴旺发达。它们希望看到商业繁荣、货币顺畅地到处流通，也希望人们努力地工作，同时尽情地消费。它们总是希望人们对商品和服务处于高需求状态，同时也希望大家快速地生产商品和提供服务。

为什么呢？繁荣的经济意味着企业会缴纳更多的所得税给政府，也意味着工人会缴纳更多的个人所得税给政府。而所有缴纳的这些税费都将用来为民众提供服务——道路建设、教育支出、医疗服务等。

经济不景气

当需求不足时，经济会呈现出不景气的状态：商品和服务的需求会大量减少，生产也会不足，许多工厂就会倒闭；人们的工作时间会缩短，会有很多人失业。当然，人们同时也会减少消费，从而影响商店的经营状况。

这样，政府的税收收入下降了，它的支出就会越来越少。

我是一个经济学家

很显然，经济学家是研究经济并试图预测将来经济会怎么发展的人。对于那些喜欢整理和归类金融问题并提出他们自己理论的人来说，研究经济就是他们的工作。

经济学家的工作包括许多内容，比如对金融状况的分析、对国际贸易和国内贸易的分析，这些分析涉及自然资源、消费支出、商品和服务的分配、能源成本、银行利率等。

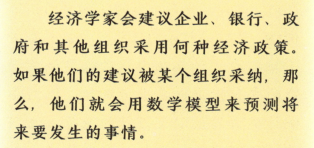

经济学家会建议企业、银行、政府和其他组织采用何种经济政策。如果他们的建议被某个组织采纳，那么，他们就会用数学模型来预测将来要发生的事情。

国内生产总值

　　放眼世界各地，有些国家经济繁荣并活跃，有些国家则经济萧条和发展缓慢。最富有的经济体是那些与其他国家贸易频繁往来的国家，它们出口如铁和木材等原材料，或者是其他商品，甚至还可能是某些人所拥有的一些特殊技能。

国家经济规模需多大？

　　一个国家的经济规模是通过计算一年内这个国家所有公民所生产出来的所有产品总价值来衡量的，包括他们所生产的所有商品的价值，以及他们所提供的所有服务的价值。

　　在计算国内生产总值时，专家们每个小细节都不会放过，都要被计算在内。工厂里生产出来的 T 恤衫的销售价格、生病的孩子的医疗费等，所有这一切都要被计算在内。对机票和杂货店的支付情况也要进行统计，他们要统计类似的数以百万计的业务。他们要把所有这些数据加总起来算出一个总数值。用这种衡量方法计算出来的数值，就被称为国内生产总值或 GDP。

平均收入

　　平均收入是指国内生产总价值除以这个国家的劳动人口总数所得出的值。这样计算而得的数据表明一个人在一年之内对国家总财富的平均贡献，或者他们在一年内所挣得的国家财富的平均值。

拥有股份

在一个国家内进行生产和销售，几乎肯定是可以增加国内生产总值的。人们会越来越富裕，生意也会越来越红火。

在一个繁荣而又富强的国家里，许多人会通过投资的方式去支持一些公司或企业的发展。他们通过购买一小部分股份的方式把钱借给这些公司或企业，以促进它们的成长和规模的扩大。如果这些公司或企业赚取利润了，那么，它们就会与借钱给它们的所有投资者分享利润。人们通常把这些借钱给它们的人称为股东。

通货膨胀

一段时期之后，所有东西的价格都会上涨。这意味着，20年后的10英镑无法买到像今天这么多的商品。产品成本随着时间的推移会普遍上升。这种情况就是通货膨胀。

各国政府总是努力保持低通货膨胀率，它们不希望价格上涨过快，不希望看到人们在基本的生活必需品上不得不花更多的钱（那样就会导致用于改善生活的钱变得更少）。不断上涨的物品价格往往会使人们的幸福感下降。那些能让人们生活得更幸福的政府会在选举中获胜，而那些没有能力让人们获得幸福生活的政府会落选。

如果一些国家的政府通过法律阻止某些物品价格上涨，或者减少对某些货物征税，或者给人们提供一些钱，用以承担一部分生活费用，那么通货膨胀是能够被控制的。政府提供给人们的这部分钱就被称为补助。

国家经济受到的冲击

看起来似乎很奇怪，但实际国家与你或者你的家人一样，也会出现遭遇金钱损失的情况。在某些年份，一个国家赚的钱没有花出去的多，这种情况就被经济学家们称为预算赤字。这意味着，它无法支付理应支付的所有东西的钱，而如果任其发展下去，时间久了，这个国家就会真正背负债务或者出现财政困难。

经济不景气

经济不景气是指当经济、工业和市场表现状况不佳时的情况。它也指经济活动放缓时的一种状态。例如，当市场不景气时，股票价格会下降，股份投资会减少。

经济衰退

经济衰退是指经济发展速度放缓的持续时间超过数个月之久时的一种状态，它会影响到工业、就业、人们的收入，甚至这种影响会涉及各行各业。

经济衰退一般是由金融机构（如银行）的危险的投资策略所引起的，它既可能损害发达国家的经济，也可能损害发展中国家的经济。

在 2008 年，美国的投资者投资过度，他们的投资达到了疯狂的地步，最后导致了经济的崩溃。

倒闭了

大萧条

在 1928 年，全世界看起来未来一片光明。美国经济状况良好，投资者们有条不紊地消费并投资着。

许多人试图快速致富。但是到了 1929 年，好日子结束了。在 10 月 24 日那天，股市崩盘了。后来人们把这一天称为"黑色星期四"。到了 11 月，商业投资的价值已经减少了 350 亿美元。许多投资者变得一无所有，紧随其后的便是经济大萧条。

成千上万的人失去了工作，排队报名请求政府的帮助。自此之后，美国花了 10 年的时间才使经济得以恢复，人们才能够再次很容易地找到工作。

失业

从某种意义上说，工作是基本的人类需求。工作让我们感到我们正在为自己有个栖身之所而奋斗，我们正在做贡献，我们是这个社会有用的人才。从某种程度上讲，如果我们没有工作，就会觉得自己是个失败者。

不幸的是，没有一个国家的政府能够保证每个人都会有一份工作。世界上有 22 亿劳动力，但是有工作的人只有 15 亿左右。世界上还有数以亿万计的失业人口，即使在美国和欧洲这样的富裕国家和地区，也仍然有大量的失业人口存在。

谁在管理国家？

　　一个国家是由许许多多个家庭组成的。有些国家有数以千计的家庭，而有些国家甚至有数以百万计的家庭。一个国家并不仅仅只是某一个国王或王后的国家，也不只是某一个总统或一个政府的国家。在一个国家里，生活着许多家庭，这些家庭的成员或工作，或休闲娱乐，他们饿了吃饭，累了睡觉，他们都会生老病死。他们每个人都为国家的良好运转做着贡献。

谁掌管国家？

　　当然，如果所有人一起掌管国家，那显然会人满为患的。因此，国家必定需要由某些人来掌管。这些人要确保这个国家的任何一个地方都能够繁荣发展，而不仅仅是某一两个地方。

　　例如，他们必须确保乡下的孩子跟城里的孩子一样，有地方上学。

我是老板

　　在某些国家，只有一个统治者，这个统治者拥有很大的权力。有些国家或许是被一个拥有实权的总统所领导，或者由某个富有的家庭所统治。这些统治者决定着民众将如何生活和工作，决定着他们的国家将采用何种经济制度，以及决定由谁来纳税并如何使用这些税收。

选举

在民主国家，人们会选出一群人，让他们代表自己做出决定。被选举出的这一群人拥有权力，其他人都同意遵循他们所制定的规则和法律。这一群人组成的团体被称为政府。只要一当选，这个政府就会行使它的职责。

政府的每个成员都特别重视支持他们的那些选民的需要。这些选民通常居住在全国各地，他们中的有一些人承担了监督国家的职责，比如在教育、道路及卫生服务等领域，监督国家是否很好地履行了职能。

替政府管理钱的人

政府会任命某一个人来管理国家的钱。这个人通常被称为财政部部长。财政部部长是一个非常重要的职位。

财政部部长将决定如何向个人和企业收税，以及收取哪些税，并且还能够决定如何花费这些税款。当然，不同的国家会有所不同。

不同国家之间的税收制度和税款花费有很大不同。

83

各国之间的差异

　　国家之间的差异是由什么引起的？是什么原因导致有些国家比其他国家更富裕，有些国家比其他国家人口更拥挤，有些国家比其他国家风光更秀丽，有些国家比其他国家历史更悠久？为什么人们会希望自己生活在某些国家，而不希望自己生活在其他国家？导致国与国之间存在着如此巨大差异的影响因素有哪些？

地理

　　一个国家如果基本上没有什么地理屏障，比如高山、沙漠、火山和湖泊等，那么，人们就能够轻易地穿行于全国各地，人口便能够在一个国家内自由流动，货物也能够自由地进行交易。

气候

　　气候指的是某个特定区域的典型的天气。适宜的气候，比如说不太热也不太冷，雨量充沛，那么，这种气候便对这个国家大有助益。因为这样一来，国家就不需要拿出额外的钱来为一些家庭和企业供热或制冷了，而且也有充足的水源让人们种植自己养活自己的粮食。

自然资源

　　蕴藏于地底下的东西往往是一个国家能够变得富裕的关键因素之一。这些东西包括煤和石油等燃料，铝和金等金属矿物质。这些东西都可以出售给其他国家，从而给自己国家带来货币或其他财富。

政治

谁在管理国家？尤其是谁在掌管国家财政？他们是否把钱用在了刀刃上？他们是否诚实可靠？如果一个国家的领导人是不讲诚信并且贪污腐化的，或者只知道囤积国家资源供自己的亲信挥霍，那么，这个国家的经济就会受到严重损害。

工业

产品都是从工厂里制造出来的。一般情况下，工厂应该尽可能地就地取材，因为本地盛产的原材料更容易获取，价格也更低廉。工厂一般会建造在劳动力资源丰富、交通便利的地方，便利的交通有助于及时运输产品。

教育

接受教育使人变得更有思想、更有想象力。教育能够让人们拥有更多的技能去制造产品、进行发明创造。国家会投入资金让全民接受教育。几乎可以肯定地说，教育投资越多的国家就越繁荣富强。

历史

富裕的现代国家往往都有悠久的贸易历史，它们的国内和国际贸易都很发达，同时还与其他国家友好相处、互惠互利。

工作

人们工作的努力程度往往因国家而异。努力工作的人被称为是有良好职业道德的人。亚洲人民因文化的原因，被广泛认为是世界上最勤劳的人。这些国家的经济也保持着世界上最高的增长速度。

文化

一个国家的文化其实就是一个国家的信仰。每个国家在自由权、财产私有权、投票权和言论自由等方面，都会体现本国的文化和信仰，人们会为了拥有这些权利而努力奋斗。

85

影响因素：地理

　　地理因素是指一个国家的地理位置，以及这个国家的地形和地貌。地理位置、地形和地貌对一个国家的富强与否具有很大的影响。人员和物资需要流动，因此海陆空的交通运输都非常重要。高山、峡谷和沙漠会妨碍人员和物资的流通，道路不畅或者港口稀少同样也会阻碍贸易的发展。

海岸线

　　那些靠近沿海和大洋的国家可以开发港口，有了港口之后，货物就能够被运往世界各地。在16世纪，一些沿海国家，如西班牙、葡萄牙、意大利和英国，通过航运和贸易，后来都发展成了富庶的国家。今天，在美国和亚洲，开发出了许多新的港口，这些港口业务十分繁忙，满载货物的集装箱在港口进进出出。

山脉形成了国与国之间的天然界线

山脉

　　对于以山脉为国家边界的国家来说，人口的流动以及与邻国的贸易就变得更为困难了。

沙漠

　　有些国家大部地区都是沙漠。在沙漠上很难种植庄稼，人们时常要挨饿。沙漠也很难穿越。所以，这些国家人口稀少，工业和贸易都不发达。

有些沙漠相当于一个庞大的国家那么大

河流

河流会形成自然边界，因为要过河，就需要修建长长的桥梁，别无他法。

湖泊

有些国家是以湖泊为界的，例如，在美国和加拿大之间，就是以长长的五大湖为自然边界的。

森林

如果森林茂密又荆棘丛生，那么，人们就很难穿越它。柬埔寨就是这样一个森林茂密的国家，它与泰国、老挝和越南都以森林为国界。这些国家正合力制止非法砍伐珍贵的暹罗紫檀树的行为。

边界是障碍

当然，所有这些地理特征都可以被当作天然的边界，从而把国与国之间分隔开来。但是有些边界是人为造就的。这些人造边界的存在是为了让不同国家的人分隔开来，以使他们互相之间免受他国的信仰、语言、文化和政治的影响。这种边界同样也完全阻碍了本国与邻国之间的贸易。

电线围墙把以色列和巴勒斯坦分隔开来

87

影响因素：气候

气候与天气是不一样的。天气每天都会发生变化，它包括温度、降雨量、风力以及气压等因素。气候是指很长一段时间内的天气的系统表现。

区域

在地球上，不同的地区有不同的气候，每种气候都有自己独特的名字。例如，热带气候存在于赤道附近，那里极少会有极端温度出现，通常都是比较热的，与地球的北部和南部完全不一样。

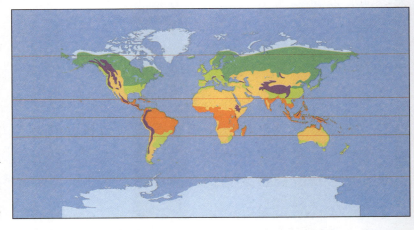

温带　　热带　　沙漠　　山脉　　寒带　　极地

季节性雨季带来的洪水消退后，农民在田里种庄稼

农业与气候有关

一个国家所处的气候区域会影响到这个国家的经济，尤其是如果这个国家的经济是以农业为基础的时候。农民依靠各个季节的不同天气变化来耕种不同的农作物。

台风和飓风带来的强风、洪水和灾害

干旱杀死农作物，让生命之水枯竭

从空间卫星上观察，飓风在地面上形成了一个旋涡

破坏性天气

如果发生旱灾，农作物就会受到影响。缺水会危害农作物的生长，从而导致农业歉收。这样一来，粮食供应就会减少，农产品价格就会上涨。天气的变化还会导致农作物染上传染病，会形成季风，从而影响收成。最糟糕的，有可能会使农作物颗粒无收。

变化着的气候

今天，许多科学家都承认，我们这个星球的温度正在不断地上升，冰川面积正在缩小，北极冰层正在融化，海平面正在上升，暴风雨比以往更为猛烈，干旱变得更为严重，风暴也更具破坏力。有些科学家说，这是人为因素造成的。我们每天燃烧煤炭和石油——这些也被称为矿物燃料——这些矿物燃料燃烧后所释放出来的气体罩住了整个地球，让地球无法正常地冷却了，从而使整个地球变成了一个温室，产生了"温室效应"。

燃烧矿物燃料就是人为破坏地球大气层

影响因素： 自然资源

有一些国家拥有丰富的自然资源，比如石油、天然气、铁矿石、煤炭等，这些自然资源可以从地下开采出来；至于热能和水能，则可以传输到人们需要它们的任何地方，或者也可以就地利用它们作为动力，以驱动机器进行生产。

资源就是力量

那些缺乏自然资源的国家为了求得发展，必须依赖于与其他国家的贸易，它们必须向其他国家购买它们自己所没有的东西。

这可能会引发一些问题，因为愿意销售的物品的价格和数量是由自然资源所有国来决定的。它们可能为了发展本国经济，有意地抬高自然资源产品的价格。不过，这也有可能损害那些对它们国家的自然资源有依赖的国家的经济。

森林提供了建筑所用的木材，但是它被破坏的速度太快了

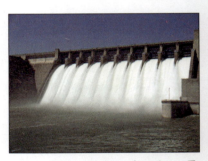

水对家庭、企业和农业都太重要了

人们为开采金属和矿产而在岩石中钻井

美丽而宁静的乡村是一种自然资源。它既让当地人受益，同时也吸引了世界各地的游客前来度假休息

风力可以被用来创造能量

太阳能可以被转化为电能

一些能源形式是天然的。这是在冰岛从地底下喷涌而出的热蒸汽

自然资源很丰富的国家

挪威的石油和天然气都十分丰富，以至于50%的这些资源都可以用于出口。该国大约1/4的国家财富都来自于它，加上挪威人口稀少，只有500万，因此挪威人都很富有。事实上，挪威确实非常富有，连大多数奶牛场的畜舍都装有供暖设备，在寒冷的冬季，奶牛们也不会被冻得瑟瑟发抖。

自然资源贫乏的国家

希腊是自然资源非常贫乏的国家。这个国家出产的农产品，比如橄榄油、鱼类产品，只够养活它的1 100万人口，由此而导致的一个结果是，希腊必须花很多钱进口各种资源。

影响因素：自然资源——石油

全世界最庞大、最富有的产业是石油产业。石油生产涵盖许多方面，包括石油开采、石油提炼和清洁、管道运输、油轮运输以及对需要它的企业和个人的销售等。

谁需要它？

我们所有人都需要。很可能你在家里就用到了它，也许每天用到它有数百次之多呢！凡是由塑料制成的东西都始于石油。从你的鞋带顶端上的那点东西，到塑料杯和超市里的购物袋，全都始于石油。

石油也可用于制造食品防腐剂、肥皂、泡泡浴液和防腐剂。此外，它还可用于制造化肥、喷漆、胶水和晾衣绳等。当然，如果没有汽油，家庭轿车将寸步难行。

石油为什么会这么贵？

石油是一种不可再生资源。很显然，这意味着，如果我们把它用完了，它将再也不会出现了。这就是它为什么如此宝贵、如此值钱的原因了。

地球为我们提供了丰富的自然资源，我们可以把它们当作能源来使用。在现代，我们用得最多的是矿物燃料——煤、石油（原油）和天然气。

石油源于3~4亿年前生活于水中的植物和微小的动物，后来经过数百万年，这些动植物的遗体被埋藏于沙子和淤泥中，而热量和压力慢慢地把它们变成了石油或原油。因此，我们今天所使用的石油是不可替代的。

成品油被储存于巨大的储油罐中，准备通过海运或管道运输运往世界各地

从地底下抽出来的原油被送往炼油厂清除杂质、碎石和其他物质

汽车是汽油的最大消耗者

汽车是石油消费大户

几千年来，石油都被用作燃料或能源。但是，在20世纪初，由于汽车的大量生产，石油被用于制成汽车燃料汽油。汽油是目前最主要的石油产品。

抽油机

哪些国家抽出的石油最多，以及拥有的可开采的石油储量最大？

* 俄罗斯
* 沙特阿拉伯
* 美国
* 伊朗
* 中国
* 加拿大
* 伊拉克
* 阿拉伯联合酋长国
* 墨西哥
* 科威特

石油资源丰富的国家

在国际市场交易的产品中，石油是最具价值的商品。那么，最赚钱的石油出口国是哪些？

* 卡塔尔
* 科威特
* 阿拉伯联合酋长国
* 土库曼斯坦
* 委内瑞拉
* 沙特阿拉伯
* 加拿大
* 利比亚
* 文莱
* 伊拉克

影响因素：邻国和教育

影响因素：邻国

和平

让一个国家变得贫困的一件事情就是国与国之间的冲突，尤其是战争。战争除了最具破坏性之外，还能阻碍战争国经济的发展。如果一个国家长期处于和平状态，并且与其他国家发展贸易并展开合作，那么，就会有助于这个国家的发展壮大。

盟友

盟友是指朋友。当国与国之间结成同盟的时候，它们与盟友国之间会进行贸易，并且会互相促进经济的发展。盟友国之间通过降低关税，减少贸易障碍，进行互帮互助。

战争是需要花钱的

2000 年，世界上最大的灾难之一便是一场战争。当时埃塞俄比亚与它的邻国厄立特里亚发生了战争。数以百万计的美元被花费在雇用士兵和购买军事装备上，这些钱本来是可以用来减轻人民的贫困程度的。据估计，在这场战争中，每天都要花掉 100 万美元。

携手合作

有时候，许多国家携手合作会让彼此变得更为富裕。它们可以形成一个联合体，使用同一种货币。人们可以很容易地跨越国界，进出口也变得更简单了。

影响因素：教育

在学校里

从你开始上学的那一天起，你的父母就想尽可能地让你接受最好的教育。他们知道，你所受的教育越好，你将来就越有可能得到一份高薪的工作，从而过上更富足的生活。

幼儿园的教育是很重要的

读写能力

读写能力意味着有阅读和书写的能力。世界上所有的国家都设法让它们的人民接受教育，这样，每个人都能增长知识，实现他们的人生目标。在各个发达的工业化国家中，普通民众的读写能力都相当不错，尽管只有挪威才有资格夸耀说，自己国家的国民识字率达到了100%。低识字率会阻碍国家的发展，例如，在阿富汗，只有43%的男性、12.6%的女性具有读写能力，这让母亲们无法帮助和鼓励他们的孩子学习。

许多孩子会花 10 ~ 12 年的时间在学校里学习

大学毕业生正在接受颁发给他们的学位证书

高收入者和低收入者

你赚得越多，你的国家就会变得更美好。那些能够培养出许多高收入者——比如工程师、计算机程序员、医生等——的国家，几乎可以肯定地说，它们将拥有较高的国内生产总值。而在那些大多数人都只接受过小学教育，或者国家财富是建立在小农经济基础上的国家，它们的国内生产总值就可能会低得多。

影响因素：人口

人口总数是指一个国家所有的人的总和。在大多数国家，有关当局要对每一个家庭中出生的孩子和每一个死亡的成员进行登记，因此，人口数字基本上是准确的。

人口增长速度有快有慢

世界人口是指生活于地球上的所有人口的总数。据估计，今天地球上大约有71亿多人口。自14世纪以来，人口数量的增长都一直比较稳定，直到20世纪50～60年代期间，人口增长速度才开始达到最快。但是自从1963年以来，人口增长速度又开始放缓了。然而，人们还是担心，地球将没有足够的水、食物和能源资源来养活这么多的人。

超过10亿……

中国担心自己国家的人口增长速度太快了，因此，在1979年，国家通过了一项法律，禁止育龄夫妇生第二胎。尽管大约有1/3的人并不受这一法律的约束，但是大多数人还是遵守的，否则将面临巨额罚款。今天，中国的生育法律有所放宽，有更多符合条件的人允许生育两个孩子。不过不管怎样，中国人口的出生率下降了，越来越多的妇女对自己的生活有了自主权。

年轻人的世界

世界上大约有超过 1/4 的人口年龄在 15 岁以下。再过 10 年，这些人都将成为了劳动力。但是，到那时候地球上的人是太多还是太少呢？

医院病房里的新生婴儿

世界各国的家庭规模都在缩小，这是由于人们的生活水平越来越高了，妇女的工作机会越来越多。但是，在日本，这被认为是一个真正的问题。据日本的新闻媒体报道，已经是连续第三年了，日本的人口出生率都很低，出生人口无法补足死亡的人口。现在。老年人已经远远多于年轻人。在不久的将来，劳动力以及消费者都会变得不够，从而阻碍经济的发展。

有大量年轻人口是一个国家经济健康的标志

人口最多的国家

（人口过亿的国家）

＊1 中国　　　　1 364 600 000
＊2 印度　　　　1 244 430 000
＊3 美国　　　　318 087 000
＊4 印度尼西亚　247 424 598
＊5 巴西　　　　202 598 000
＊6 巴基斯坦　　186 527 000
＊7 尼日利亚　　173 615 000
＊8 孟加拉国　　152 518 015
＊9 俄罗斯　　　143 700 000
＊10 日本　　　127 100 000

照料老人的费用来自于年轻劳动力的税收贡献

影响因素：劳动力

在许多国家，经济的发展主要是因为有丰富的劳动力。劳动力是指在那些国家生活和工作的人，他们通过自己掌握的技能以及所做的工作来赚钱。

劳动力

在许多国家，人们中学或大学一毕业，或者经过了某种形式的培训，就开始参加工作，直到退休为止。他们大概要工作 40 年或者更长的时间，之后，他们就可以安享晚年了。

一旦接受过教育和培训之后，工人们就会根据他们所掌握的技能从事各种不同的工作。如果企业经营成功，甚至不断地成长壮大，那么，它就会雇用更多的工人。工人们会用他们赚到的钱去购买各种东西，这样，钱就会通过商店、办事机构和工厂流通起来，从而使得整个经济处于活跃状态。

一个人可能要花费好几年的时间才能完成全程培训，为社会做贡献。

职业道德

有些国家因工人的勤劳而著称。有些工人既愿意为他们自己同时也为他们国家的利益而努力工作。对此，我们说，他们的职业道德感很强。如果一个国家的工人都拥有如此良好的职业道德素养，那么，这个国家的经济就将会得到快速的增长。

培训

仅仅接受学校教育是不够的，几乎所有的工作都要求人们经过某种形式的培训。

劳动力市场

一个国家可能拥有大量的劳动力（因为总是有很多人是为了谋生而工作的），但是他们却可能没有某些技能，或者住在离工作场所太远的地方，又或者并不乐意做他们现有的工作。

城市吸引了大量的劳动力，劳动力市场充分发挥了作用

"劳动力市场"指的是工人（愿意工作的人）和雇主（愿意雇用工人的人）走到一起商讨相关事宜的场所。他们将商讨这样一些问题：将要做什么工作，在哪儿工作，工作时间有多长，工资如何结算，有没有另外的补贴，等等。

有些工作要求整个团队的成员都有很高的技能

更便宜，速度更快

有些国家可能缺乏一些拥有某些技能的能够完成某些工作的工人。也许这些工作都是单调乏味的，并且这些工作的工资不是很高，因此，雇主们需要从其他国家进口相关的劳动力来帮助他们完成工作。他们或者向国外雇用这些工人，或者可以进口成品。

年纪小小的工人们（童工）的工作往往是重复性的，他们工作时间很长，但工资却很低

童工

这是一个可悲的事实。在有些国家，有许多年龄不大或根本没有接受过教育的儿童，公司的老板们聘请他们做一些不需要技能然而通常又是很危险的工作，他们的工时很长，但工资却很低。这些人被称为童工。这是一个世界性的问题。全世界有超过1.5亿的、年龄在5~14岁之间的儿童不在学校里上学，而是过早地参加了工作。

影响因素：技术、工业和服务

影响因素：工业

电脑已经成为一种日常工具，因此人们很容易忘记它其实是一个新生事物。你的祖父母看的电视是一个四四方方的、盒子一样的东西，起初它还是黑白的。如果现在要求你看这种四四方方的黑白电视，你可能会觉得这是一件很荒唐的事。

技术工人正在组装高科技设备

现代通信技术

众所周知，现代通信技术是近些年才出现的东西。就在几百年前，如果你想告诉别人一些事情，你就必须写信。如果你想知道世界各地发生了什么，你只能通过聊天或阅读报纸得知——如果你有阅读能力的话。但是随着电子科学的发展，一切都开始发生变化了。

航空航天技术开辟了新的沟通方式

现在，在我们生活的这个世界上，出现了许多非常先进的科学技术，大家只要点击或者按下某一个按钮，就可以相互交流和联系。这也改变了人们的工作方式，以及国家赚钱的方式。

电脑能够为建筑师设计全息建筑模型图

跟上时代

处于技术革命前沿的那些国家都做得非常好。

这是因为像电脑和移动电话这样的技术，是全世界都需要的。一些亚洲国家在电子产品的生产和制造方面引领了世界潮流。你的手机可能是在自己国家买的，但是它有可能是在中国、韩国和日本制造的。

被淘汰了的国家

没有技术基础的那些国家往往会被淘汰出局。它们不得不进口这些产品，这意味着钱会从自己的国家流出去，流到生产国。在这个时代，我们的沟通方式发生了巨大的变化，这就意味着我们培养劳动技能的方式也必须相应地做出改变。那些提供高科技教育的国家，为科技行业创建了一支非常有用的劳动力大军。那些无法提供高科技教育的国家，则很可能要吃大亏。

创造力

人类的每一项发明都来自于真正有创意的人的大脑。创造力是新的想法得以诞生的源泉。

今天，在我们这个世界上，许许多多公司相互之间都在竞争和角逐，如果某个人有了一个新的处理问题的方法，也就是说，如果他能够跳出"思维的框框"，那么，他就会受到许多创新型公司的青睐。

创造力源于知识。如果你懂得科学、数学、地理学和经济学（又或者你所选择的任何一门学科），而且真的掌握得很好，那你就有可能成为未来的发明家。

影响因素： 工业

工业通常是指生产或制造商品的行业。在 18 世纪和 19 世纪，新的发明创造使人们有可能大批量低成本地生产产品，各种各样的工厂如雨后春笋般地大量涌现出来，那些鼓励这些工业发展的国家变富了。

传送带通过机器按部就班地传送货物

制造产品

制造产品为人们提供了工作岗位。如果一个国家制造的产品是高质量的，那么通过国内贸易和国际贸易，这个国家就会获得良好的口碑。制造业也有助于货币流通，因为工人们会利用他们的工资去消费各种商品和服务。

基本材料

建立一个生产基地并不是一件很容易的事。大部分产品都是用某种原材料制造出来的。如果所有的原材料都来自同一个国家，那是最好不过的；如果原材料需要从不同的国家进口，那么成本就会上升，这样就会导致成品价格上涨。

"专家"

一个国家如果拥有了合适的原材料以及合适的工人，那么，这个国家便会成为生产某种产品的"专家"。

在美国，汽车产业成了一个专门的行业。福特和通用汽车等公司生产的汽车不仅在美国国内销售，而且也销往国外。现在，日本和韩国已经在国际汽车市场上站稳了脚跟，成功地拥有了自己的一席之地。它们的汽车遍布世界各地。

在英国，一些主要的汽车生产商已经不再参与汽车的生产，取而代之的是一些小型的专业汽车生产商，它们主要生产一些赛车和其他一些小型车辆。

旅游业

有些国家拥有许许多多美丽的乡村、古老的城镇、历史遗迹和一些比较特别的或者奇妙的标志性建筑，它们吸引了大量的国外游客前来旅游参观。人们总是渴望到新的地方去，渴望去看看别人是怎样生活的。

这些来自于国外的参观者被叫做游客，他们需要住酒店，需要食物和使用交通工具，需要付钱买景点门票，需要就地消遣娱乐。他们会把钱花在你的国家。这就是所谓的旅游业。在许多国家，通过旅游业的发展，能获得巨大的财富。

影响因素：服务

　　与制造和销售产品一样，一个经济体同样也需要为人们提供如银行、保险、医疗和法律服务等业务。像这类服务行业，一般人们的肉眼是不太容易看到它们的产品的，但是它们的产品与制成品一样，也能够为国家赚得很多钱。

发达国家

　　通常在比较发达的国家，服务业也比较发达，比如在美国、英国和其他欧洲国家，以及一些亚洲国家如新加坡和韩国等，这些国家经济发达、教育水平高，并且劳动力整体素质也高。

一个成长中的行业

　　在过去一百多年的时间里，全世界的服务业都呈稳步增长的态势。例如在美国，在 1929 年，国内生产总值的一半都是由它贡献的；50 年之后，国内生产总值的 2/3 是它贡献的；到了 1993 年，它的贡献占比超过 3/4。目前，服务业总计占比超过世界总收入的 3/5。

机械化

服务业增长得如此之快的一个原因是，产品制造变得越来越机械化了。许多工作由机器而不是由人来做。产品制造需要的人更少了。更重要的是，可以让更多的人去从事广告业、管理工作和金融服务工作。

办公室工作人员

随着时间的推移，政府机构人员按比例地增大。这意味着政府也需要雇用更多的人。所有这些政府雇员都属于服务行业。

当然，在许多服务行业中还有许多办公室工作人员。

服务行业

全世界排名在前 20 位的服务业：

* 广告业
* 儿童保健公司
* 娱乐产业
* 金融服务业
* 卫生保健
* 旅游接待业——酒店
* 保险业
* 律师、法律服务业
* 营销和销售行业
* 在线服务业
* 旅游业
* 旅行。

影响因素：农业

  农业是一个非常重要的产业，而种植业则是农业的一个组成部分。在人类历史上，种植业曾经是一个最重要的产业，因为它为国家的民众提供食物，并且还可以用多余的粮食换取其他东西。今天，世界上从事农业生产的人数已经很少了，但是农业仍然跟过去一样，是一个重要的产业。

自给自足

  通常而言，自给自足型农业的意思是，农民自己生产产品供自己使用。一个自给自足的农场通常种植供农场主自己家庭所需的粮食作物，或只养殖供他自己家庭所需要的动物，很少有或几乎没有剩余的物品拿来交易或出售。

  然而，许多自耕农总是试图把自己多余的农产品拿出去交易，以换取他们自己无法生产的产品，如糖、服装和铁屋顶。大多数自给自足的农民生活在非洲和亚洲的一些贫困的或发展中的国家的农村里。有些国家已经开发出了一些贸易项目，利用他们的特殊技能和当地的原材料与其他国家建立贸易联系。

过剩

  当农民主要是为了销售而种植农作物时，有时候会出现种得太多，因而农产品无法全部卖出去的情况。这种情况就叫做产品过剩。你可能会认为，处理这些过剩的小麦或奶油的最好的办法是，把它们捐赠给那些贫困国家的饥饿的人民。但是这样做并不合适，因为它通常会降低进口国商品的价格，使种植农作物的农民将没有多大的利润可赚。

  那么，将如何处置这些剩余的农产品呢？有时候把它堆放在一起，然后任它腐烂。更有可能是进行"倾销"，也就是说，把它们以非常低的价格卖出去。

大面积种植的油菜，提供了丰富的菜籽油

堆积如山的剩余小麦

补贴

有些国家的政府会不时地通过发放补贴的形式帮助农民。补贴是国家财政补助的一种方式。它可以体现为多种形式：直接给予金钱资助，减税，或者以低价提供某些能源，如水等。

公平贸易

公平贸易是一个政策，以用来帮助一些发展中国家的贫困农民。它的目的是确保这些国家生产出口商品的农民，不会因为不公平的贸易和关税而受到剥削或者亏本。咖啡产业和香蕉产业的公平贸易计划，就是当前贸易的一个例子。

不幸的是，发展中国家贫穷的农民生产出来的产品很难在富裕国家的市场上竞争，富裕国家需要高质量的产品，而对贫穷的农民来说，这是不太可能做到的。

利用人力运输物资

规模不大的捕捞活动已经足够渔民养活全家了

使用传统的耕作方式

摊主在市场上销售剩余的产品

进口—出口

大多数国家往往集中精力生产那些比其他国家更有优势或者生产成本更低的商品和服务。如果他们生产出来的产品供过于求了，那么，他们就把这些多余的产品拿来与其他国家进行交易。

出口

出口是指一个国家提供的商品和服务被别的国家的公司或政府所购买。大量出口或销售货物到国外对一个国家来说是非常有利的，因为它会给这个国家带来现金并创造财富。

进口

商品和服务被运进本国来进行销售，叫做进口。进口需要花掉国家的钱，因为进口商品的公司必须为这些商品付钱，因此，钱是从国内流到国外去的。

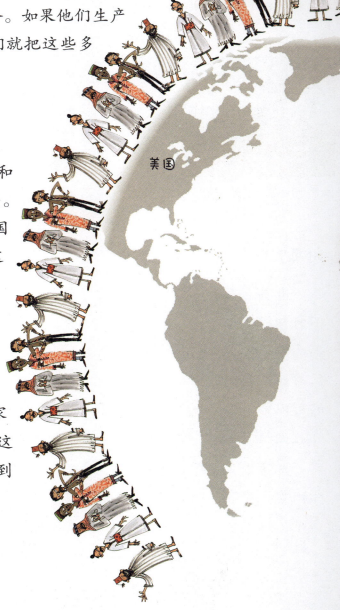

美国

全球最大的出口国

中国的出口超过任何其他国家。

全球最大的进口国

美国的进口超过任何其他国家。

中国

保持进出口平衡

一个国家的贸易平衡与这个国家从国外买进的商品和销售到国外的商品有关。

一个国家销往国外的商品与从国外买进的商品之间的差额就是贸易差额。

但是，大多数国家并不希望从国外买进的商品额与销往国外的商品额之间存在太大的差额。总是设法在进口与出口之间寻找平衡，这种平衡就被称为贸易平衡。因此，当某些国家大量出口商品时，同时也倾向于进口大量商品。

停止—启动

很多人认为政府不应该过多地干预国家经济，他们认为，商人知道他们正在做什么，也知道如何赚钱。

自由贸易

那些支持自由市场经济的人认为，当政府干预过多时，企业便不能够正常地运转了。企业主应该自主决定付多少工资给工人，以及出口多少货物。这就是说，企业主应该拥有自主经营的权利。

他们认为，如果他们不能实现利润最大化，那么，企业主就会失去发展业务的兴趣。

贸易管制

其他一些人认为，政府应该参与到商业活动中去，政府能够帮助企业的发展。

根据这种观点，企业必须遵照并执行政府制定的政策。除此之外，政府可以制定有助于本国贸易发展的规章制度，也可以制定规则阻止其他国家发展这项业务。国家是通过在自由市场上采取干预的措施而实现这一点的。国家设置障碍阻止竞争，这就是通常所说的贸易壁垒。

贸易壁垒

阻碍贸易发展的任何措施都是贸易壁垒。

关税是一种特殊的税收，它通常只对进口商品进行征税，它能够使进口商品的价格变得更昂贵。关税的目的是使国内同类商品比国外进口的商品更便宜。

配额能够在一定时期内限制进口货物的数量。当然，国内企业不会受到这样的限制。

产品标准也可以成为一种贸易壁垒，例如，有些国家不允许进口转基因（GM）的牛肉和小麦。这同样也保护了进口国农民免于竞争。

一个稳定的政府

有些国家的政府经常更替，而另外有些国家的政府则通常有一个固定的任职期限，一般为四年。

假设政府参与到商业活动中去，帮助企业为国家创造财富，而如果政府经常更替，那就不是一件好事情了。更迭后的政府可能会制定一些新的规章制度要求企业执行，而企业可能对旧的规章制度比较适应。因此，一个稳定的政府，也就是一个拥有固定任职期限的政府，这样更有利于企业的发展。

各出一份力

无论你身在何处，你都希望当你成年之后，能为国家经济的发展做出贡献。无论你是一名律师、护士、出租车司机，还是从事其他什么职业，实际上你都能够为创造国家的财富出一份力。

接受教育

要想为国家出力，得先接受教育。大多数发达国家都提供了免费教育，至少从小学到高中阶段。政府提供义务教育，以确保学龄孩子能够获得一些基本技能，比如阅读能力、基本的运算能力以及计算机操作能力，从而将来得以谋生。

高等教育是为那些需要学习更专业的知识的学生准备的。大学学位可以有助于你的未来职业生涯，而技术学院的教育则是为你进入某一具体行业做准备的。

选择一个职业

你可能从小就非常擅长某些方面，这种兴趣会引导你将来从事某种特殊的职业。例如，如果你的数学非常不错，那么，你可能想将来当一名教师；或者你想获得一个物理学学位，从事天文学方面的工作。如果你不知道你想选择哪个职业，那么，你可以寻求学校里就业指导老师的帮助，让他们帮你选择适合自己的职业。

接受培训

离开学校后，你的教育并未结束。在工作中，你要接受专业技能的培训。公司会为你提供实习的机会，让你一边工作一边学习掌握一门技能。其他机构也会提供一些培训课程，以帮助你掌握一些基本技能。

工作地点

许多国家都有一些专门从事特殊工作的地方。例如，在美国的加利福尼亚州，有一个科技人员汇集的地方，被称为硅谷。在英国的伦敦，有一个金融业蓬勃发展的地方，叫做金融城。如果你想从事某种特定的工作，那么，你就得搬到有这些工作聚集的场所去。

今天，人口流动更为频繁，人们更愿意为了工作而选择一个更合适的地方生活。人口的流动促进了经济的发展，虽然有些人会认为，一个地区的繁荣意味着另一个地区的衰败，工作机会应该分布得更均匀一些。

你的贡献

一旦你开始工作了，你就在为国家经济的发展做贡献了。你的贡献体现在你缴纳的税收以及你所花费的钱上。无论是你买了一辆汽车、一套房子，还是一些吃的东西，你都把钱投入到了经济运行中去了，这就等于为其他人给国家的经济繁荣做贡献提供了机会。

再说一遍：不管你做什么工作，赚多少钱，一旦你开始工作了，你就在为国家经济的发展和繁荣做贡献了。

讨 论

税收公平吗？

所有国家都必须筹集资金，因此，大多数国家都会向参加工作的人征税。不同的国家征税的数额不一样。一般来说，你赚的钱越多，你所要缴纳的税也越多。工资高的人比工资低的人要缴纳更多的税，这公平吗？或者说，无论你赚多少，每个人所要缴纳的税额都应该是一样的吗？

印钞票

印钞票就能解决资金问题吗？国家有权力印钞票，它们可以需要多少就印多少，因此，如果一个国家出现财务困难，为什么不干脆多印钞票呢？

通货膨胀是一件坏事吗？

通货膨胀意味着物价的上涨。一些经济学家认为，适度的通货膨胀并不是一件坏事。也有一些人认为，通货膨胀率必须保持在较低的水平上或者为零。为什么对经济发展来说，通货膨胀必定是一件不好的事情呢？

童工的存在是否合理？

在一些国家，孩子们被允许进行长时间的工作（而且只能获得很低的报酬）。这有助于降低商品的成本，增强商品的竞争力，促进经济的发展。但是，使用童工在任何地方都被认为是可以接受的吗？

将来你会从事什么样的工作？

这个世界日新月异，不断地发生着变化，而且以一种前所未有的速度变化着。五十年前的许多工作如今已经不复存在了。教育是怎样帮助你选择适合于未来的工作的？你怎么知道短短的几年之后，这种工作是否还会存在？如果你有大量再培训的机会，是否就能够解决这个问题了？

你设想中的货币是什么样子的？

你能想出一个更好的设计吗？你设想中的货币正面印着的是谁的头像？它是什么颜色的？上面印有什么图案？

你的国家出什么产品？

出口商品和服务有助于一个国家经济的发展。那些能够比其他国家生产出更便宜的商品的国家，它们贸易也更繁荣。但是，这可能意味着低工资和恶劣的工作条件。用这种方法换取出口商品的竞争力的做法是正确的吗？你的国家出口哪些商品和服务呢？

115

Family Money
家庭理财

让我们来谈谈钱吧

你是否听你的爸爸妈妈说过很多次，想做这个，想做那个，但是可惜没有足够的钱？他们是负担不起啊！有关钱的话题以及如何花钱这个问题总是经常被我们的家人所提起，因为有了钱，才能买到我们家庭所需要的所有东西。钱也关系到你自己生活的方方面面，例如，你的零花钱也是家庭开支的一部分。

为什么家庭成员之间会谈论那么多有关钱的话题呢？

很简单，钱的多少决定了你能否舒适安逸地生活，它也决定了你将以何种方式进行生活。之所以大家会如此频繁地谈到钱，是因为无论钱够不够花，家庭中的每个成员或多或少地都需要一些钱。

家庭成员相互之间的交流，可以帮助大家明白自己可以拥有什么，不可以拥有什么，并且让大家明白，当我们可以购买某些自己想要的东西时，应该心存感激。

钱进来了

你的爸爸，或者你的妈妈，或者父母双方，会有一份工作。他们每个星期都会花上一定的时间从事一份特定的工作，他们或者在某一个办公室里，或者在某一个商店里，或者在其他一些地方，甚至有可能在家里工作。

如果他们是按每周的工作时间、按商定的费率得到报酬的，那么，这个报酬就被称为工资或薪金。在每一个周末或每一个月的月底，你的父母将会收到他们的报酬。这些报酬通常是直接打进家庭的银行账户里的。

你的父母亲是做什么工作的？

钱出去了

家庭所必需的东西，包括吃的、穿的以及取暖，都需要花钱，家庭计划要的东西也需要花钱。食物以及汽车的燃料需要花钱，电费、煤气费……所有这一切都需要花钱。如果全家人想外出吃饭，那就得付餐费，去看电影就得付电影票的钱。甚至许多家庭还得为旅行或度假而进行储蓄呢！

那么，到底应该如何正确地花钱呢？

119

家庭预算

你的父母是如何知道什么东西是他们可以负担得起的，什么东西是他们负担不起的？他们对钱是如何进行分配的？大多数父母都会制定一个支出模式，来决定多少钱将用于购买每周或每月的家庭必需品。把那些真正重要的需求，以及他们的花费以清单的形式列成表格，这就叫预算。

谁负责做家庭预算？

你的父母知道，如果他们在其中一个项目上花掉了太多的钱，那么，他们能够用于另外一个项目的钱就变少了，因此，密切关注家庭预算是一项非常重要的工作。

你要问一问你的爸爸或妈妈，他们两个谁是家庭财务预算"主管"。也许这个预算是他们两个人一起做的。许多爸爸妈妈都是一起做家庭预算的，因为要尽量做到双方都满意。

请勿动手

钱够花了吗？

或许你的家庭是没有预算的。或许家里的每个人都只知道花钱，而且希望钱永远也花不光。但是，这真的是一个好的计划吗？

这样做或许在一段时间内是没问题的，不过随后就很可能会发生意想不到的事情。家里的汽车坏了，屋顶开始漏水了，或者你的爸爸还是妈妈生病了（并且因此而不能去工作了），这时，家庭的预算就会变得非常紧张。家里的每个人，当然也包括你，都需要明白发生了什么事情。

必需品

必需品和奢侈品

奢侈品

你的家庭每月都会有一定的开支，要帮你买衣服、付取暖费，还要为你购买食物，所有这些都是必需品的支出。这些都是预算当中的关键项目。

在你的家庭收入当中，可能会有一部分多余的钱，它可以花在那些你希望自己最好能够拥有的东西上。也就是说，那些东西是你想要的，但并不是必需品，这些东西就被称为奢侈品。

没有预算，就很容易超支；超支了，就意味着你们的家庭会陷入债务当中。

121

债 务

你欠债了，意思就是说你欠别人钱了。你也许欠的是你的朋友或者父母亲的钱，他们或许根本不关心你什么时候还钱。但是，几乎可以肯定的是，当一个家庭欠债时，关于什么时候还钱这个问题，那个债主必定是关心的。

米考伯先生的故事

著名的英国作家查尔斯·狄更斯写了一个故事。他在故事里塑造了一个名为米考伯的人物，他花钱如流水，总是入不敷出。

后来，米考伯先生由于欠债太多而被投进了监狱。

但他吸取了自己的教训，并且给别人提出了一个很好的建议……

如果你的年收入为1英镑，如果你的年度支出为99便士，那么，这个结果就是幸福的。

但是，如果你的年收入为1英镑，你的年度支出却为1.01英镑，那么，这个结果就是悲惨的。

银行贷款

如果你的家庭陷入了暂时无法偿还的债务当中，或者想筹集一笔钱去度假或购买一件特别的商品，你的父母亲就会去跟银行谈，以求获得贷款。银行会想知道，你们是否还得起这笔贷款，并且会设定一个必须偿还的期限。银行还会收取一笔被称为"利息"的费用。一般来说，这笔费用将会被算进这笔贷款当中，而且必须定期偿还。

信用卡

借钱还有另外一种方式。但是利用这种方式与利用银行贷款比起来，你必须付出高得多的利息，即信用卡透支。这似乎是得到额外的钱的一个简单的方法，但是它仍然是一种债务，仍然是必须偿还的。

这是我的问题吗？

债务几乎总是会引起一个家庭的焦虑和困难。如果你明白这是怎么一回事，并且明白为什么会发生，那么，你就会对你的家庭做些有所帮助的事情。你可以勒紧你的裤腰带，或者你也许会变得更耐心一些、愿意多等等。

巨大的支出

你现在住的房子可能是你父母利用按揭贷款买下来的，或者也有可能是租来的。除非你的父母完全拥有这幢房子的所有权，否则住房成本将是你父母亲的一笔巨大的开支，也是他们的一个巨大的预算项目。平均来说，它会占到你的家庭收入的25%左右。

什么是按揭贷款？

按揭贷款是指你向银行或其他机构借款，以帮助你购买你所住的房子。大多数银行会让你在25年左右的时间里付清你所有的按揭贷款。这笔贷款需要你每月平均偿还一小部分。

银行要收取一定的利息。该利息将与按揭贷款的本金加在一起，需要你定期偿还。

什么是租金？

有些房子是租来的。租金是指住房者支付给实际拥有房屋的人或者房东的一笔费用。租金通常是按月支付的。

租借双方会签署一种叫做租约的租赁协议，租用期限一般为几个月到几年不等。根据租赁协议，一旦租赁期满，租方就得续签租赁协议，或者搬离这栋房子，另找住处。

保险是什么？

你的家，你家里的所有家具、厨房电器以及停在车库里的汽车，这些东西都值很多钱。当然，它们都有可能会出故障，会坏掉，甚至有可能会被偷走——任何时候都有可能。火灾、风暴以及暴雨导致的洪水，所有这些意外灾难都有可能会让你家的财产遭受损失。

你的父母可能会选择为你的家以及你家里的一切财产进行投保。这就意味着你的父母每年将支付一小笔钱给保险公司，而当你家里的什么东西需要维修或更换时，保险公司就会帮你家偿付。

维修和保养费

围墙需要粉刷一下吗？必须请水管工人来修理漏水的水龙头吗？或者必须请建筑工人来修补一下墙壁吗？要让你家的房子和财产保持良好的状态，这些琐事都是必须要做的。以上列举的这些事情，有些是你的父母亲自己会做的，而他们自己无法做到的其他事情则需要请别人来做，那么，就得把这些费用也列入你的家庭的预算当中去。

养老金

年老体弱

总有一天，你的父母会停止工作，一旦这一天到来，他们的固定工资或薪金支付就将停止发放了。然而，他们很明智，他们在工作的时候会从每个月的工资里拿出一小部分钱存起来，他们会持续这样做好多年。

这笔钱是每个月从他们的工资或薪金里扣出来，然后交给政府代为保管的。或者，你的父母亲也可能把他们用来养老的钱交给其他养老保险公司代为保管。

那么，什么是养老金？

上述那些储蓄被称为养老金。你的父母亲退休之后，那笔钱就将会返还给他们。养老金是一种投资，是会钱生钱的，因此养老金的总额每年都将会稳步增加。最终合计的总数将会远远多于从他们当初工资里扣去的钱的总额。

利息的作用

如果你把一笔钱存在银行里，或者把一笔钱借给别人做生意，那么，你会希望这笔钱多起来，这就是说，你希望当这笔钱还回来的时候，会多出一点点来。

确保在还款时钱会多出来的一种方法是，收取一定的利息。利息是支付给借款人的利润或奖励；如果没有利息，借款人就不会有动力去投资，钱也不会多起来。

计算利息有很多种方法，但是最简单的一种方法叫做单利计算法，它是在一个基准金额的基础上按照固定的利息率计算的。

年份	投资额	利率为每年 10%	总计
1	1 英镑		1.10 英镑
2			1.20 英镑
3			1.30 英镑
4			1.40 英镑
5			1.50 英镑

税　收

你肯定听到过你父母亲对缴纳所得税的抱怨。这是因为它是法律规定的，如果你不纳税，你将会受到重罚。但是，即使人们会抱怨，但他们还是知道为什么必须缴纳所得税。所得税是指每个人从自己的工资中拿出一定比例的钱缴纳给政府。通常情况下，有钱的人缴纳得多一些，穷人则缴纳得少一点，有些穷人甚至不用缴税。但是，几乎所有的人都必须拿出一部分钱来存入政府的"储蓄罐"里。

销售税

政府也可能会对商店里销售的商品征收一定的税。你可能已经注意到了，当你买东西的时候，它的价钱会比标签上注明的价格高一些。这些销售税可能是缴纳给联邦政府的，也可能是缴纳给州政府的。销售税可以高达商品价格的 20%。

这些税款将花在哪些地方？

　　大家之所以愿意纳税，是因为税款取之于民，用之于民。政府把税款用于国民所需要的各种服务上，比如说医疗保健、国防、教育和养老金等。

- -

政府的钱的去向

　　并非所有的政府都是以同样的方式花钱的，但是大多数政府一般都会花在以下这些方面。

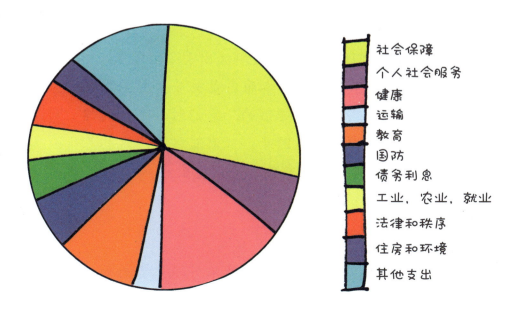

社会保障
个人社会服务
健康
运输
教育
国防
债务利息
工业，农业，就业
法律和秩序
住房和环境
其他支出

公用事业

公用事业有哪些？

"公用事业"是一个非常有用的术语，它是指政府提供一些基本的服务，例如被输送到千家万户的电、天然气和水。它也指某些公司提供一些基本的服务。

由谁提供这些基本服务呢？

提供这些服务的是公用事业公司，它们确保电灯能够亮起来，电视能够打得开，它们也要确保我们的火炉能够燃起来，水壶里的水能够煮沸，或者我们的水龙头里能够流出干净的水来。

在有些国家，这些基本服务是被政府部门控制的，或者是由政府部门提供的。它们对每个人的健康和安全都非常重要，因此，政府非常关注这些基本服务的提供情况以及它们的费用支出。

享受这些基本服务要花多少钱？

提供这些基本服务的公司是不可能免费为你供电、供热和供水的，它们是要向你收费的。

这是一个电网，通过架设电缆把电力从一个城镇输送到另一个城镇

电力从巨大的发电站输送出来，然后穿越千山万水送达你家

生活污水在污水处理厂被处理干净，干净到足可以重新进入供水系统

从深海处钻出石油，并且通过输油管道把它输送上岸

你什么时候付费？为什么要付费？

在你家的某个地方安装有一个家庭仪表箱，它是为记录你家所使用的每一项公用服务而安装的。这个仪表箱能够算出你家到底使用了多少服务，它也能够显示你家必须支付多少费用。每隔几个月，便会有人来读取这个仪表上的数据（或者由计算机自动读取）。这些读数显示了你家用了多少服务，以及你该支付多少费用。仪表的数据一旦被读取出来，不久之后账单也就送到你家了。

如果你不交费会怎么样呢？

供水、供气和供电的公司都希望你能够按时交费。如果你稍微延迟一点交费，它们是会等等的，但是最后，它们会对你发出警告。如果你再不交费，它们将停止供应这些服务。它们真的会这么做！

公用事业：取暖和照明

电力

电是一种能源，它能够让你的电灯发光，让你厨房里的电器运转起来，它还能让你打开你的电视。电的测量单位是瓦。电是由当地发电站通过电线输送到你家的。

电能可以通过燃烧石油、天然气和煤炭而产生。我们也可以通过核能发电，或者通过让有巨大落差的水流驱动涡轮来发电。电力通过架设在空中的电线，穿越田野和山区，进行远距离的传输，最后送达你所在的地区。在乡镇和城市里，电既可以通过地下，也可以通过架设电线杆在空中传输到你家。

石油

石油所"走"过的道路是很漫长的。它先从油田里被钻探出来。油田一般都位于地表深处或者深海处。然后输油管道或巨大的超级油轮再把它从一个国家运送到另一个国家。有时候它要穿越半个地球呢！

水

你有没有想过水是从哪儿来的？你冲洗马桶的水或者洗碗后的水又都到哪里去了？水是由自来水公司供应的，有时候还是由你所在地的小镇供应的。

你家里用的洁净的饮用水是从管道里流出来的，而这些管道是与埋在地底下的巨大管道连接在一起的。这个巨大的管道被称为总管道。总管道里的水来自于几千米（甚至更远）之外的蓄水池。这个蓄水池可能是一个湖泊，也可能是一个被称为含水层的地下水库。

天然气

许多家庭是使用天然气来取暖和做饭的。它要么从巨大的气缸里通过管道输送到你家，要么通过卡车把它送到你家的储气罐里。跟石油一样，它也是从地底下被开采出来的，并且也是经过远距离的运输才能送达你家的。

污水从水槽、浴室和厕所里排出去后，流进了你家地下室的一个大管道里，这个大管道穿行于地底下，并且连接到了埋在街道下面的一种被称为下水道的更大的管道里。

污水最后流向了污水处理厂，污水处理厂在去除了这些污水的臭味、灭杀了细菌后，又重新把它排放回了地面，或者让它流进河流和大海。

公用事业：让你我保持联系

今天，大多数人都希望能够随时随地与自己的家人、朋友通话，也希望能够随时随地与自己的工作场所、商店和供应商保持联系，还希望无论自己在哪里，不管是在什么时间，都能够进行娱乐休闲活动。如今，全球化的公司既为我们提供了这种机器，也为我们提供了这种连接服务——当然这得付费。

电话

电话是从装在墙上的接线槽里连接到你家的。墙上（或墙内）装有双绞线，双绞线穿过房子一直连到了外面的电线杆上。这条线会经过许多根电线杆，有时候它还会穿行于地底下，最后与中心交换站连接到一起。通过这个中心交换站，它把信号发送到全球各地的交换站。

移动电话

移动电话的信号来自于发射塔，发射塔遍布城乡各地，每隔几千米就会安装一个。如果语音信号需要传播得更远些，那么，这些信号就会被传送到绕着地球转的卫星上，然后通过卫星再传送到全球各地的发射塔网络上。今天的移动电话几乎可以做计算机能做的所有事情。

互联网

互联网是一个全球性的计算机网络系统。计算机用户能够与全世界各地的亿万其他用户进行交流。万维网使用的就是互联网的结构，它能够利用浏览器访问被链接上网络的文档。网页包含有文字、图片、声音和视频，用户可以通过点击链接，对它们进行交互浏览。

电视

输送电视信号的电缆线与互联网的电缆线是一样的。会有那么一天，电视与计算机会合二为一。

信件和包裹

许多国家的邮政系统可以追溯到数百年前，邮递员每天都会送信件。但是现在我们一般都用电话和电脑进行沟通，利用信件进行沟通的人已经越来越少了。

邮递员现在已经很少了

135

公共服务行业

在每个村庄、小镇和城市，都会有那么一些人，他们为我们的某些需要提供服务。这些事情是我们自己无法完成的。比如说搬运垃圾、办学校和图书馆、灭火等。这些活动都被统称为公共服务，提供这种服务的人通常都在公共建筑内工作。

公共服务项目主要有以下这些

* 清除垃圾与街道清洁
* 消防部门
* 警察
* 道路
* 环境
* 公共卫生
* 公园
* 图书馆
* 幼儿园
* 老人
* 残疾人
* 博物馆
* 活动中心

地方税

提供这些公共服务都是需要花钱的，而这些钱主要来自于各种各样的地方税。这些地方税有时候与你所在地区的房子的价值有关（即房产税），或者也可能取决于生活在这个地区的人数的多少（即人头税）。这些税款被用于学校的建设、聘请教师以及提供学校教育；它还被用于购买消防车，以备不时之需；它还会被用于购买搬运垃圾的垃圾车，以及支付做这些工作的工人的工资。

垃圾清运

　　我们每天都会把废纸和其他垃圾扔进家里的垃圾桶里。厨房里也会制造出许多垃圾，比如说一些瓶瓶罐罐和食品包装物，它们也会被扔进垃圾桶。所有这些垃圾都会被分门别类地装进不同颜色的袋子里，这些袋子有纸做的、塑料做的，也有用金属和玻璃做的，所有这些被分装好的垃圾都会被放入垃圾桶里。仅就一个家庭的垃圾，都有可能堆成大大的一堆。

　　每周一次，垃圾都会消失不见。垃圾车会定时过来把垃圾运走。在几个小时内，这些垃圾要么被回收再利用，要么被运到巨大的垃圾填埋场，然后在那儿让它们自个儿腐烂。

垃圾在腐烂发臭或者危及人的健康之前，必须被处理掉

成千上万吨垃圾被倾倒在垃圾填埋场

公共服务行业：道路

　　谁在照管我们的街道和道路？每个地区都有一个部门叫做公共工程部门。这个部门专门负责填洼补坑、清扫污垢和修补沥青道路，还负责在寒冷的天气里用铲雪车消除路面积雪，以疏通道路。

在任何一个城市，干净的街道意味着健康的环境

　　在空中，到处都满布着各种电线、电话线、网络线和电视线，它们都附着在电线杆上。各种管道、排水沟则横躺在地下。街道是社区的生命线，它承载着人们所需要的各种服务。公共工程部门确保公用事业和其他组织能够正常地运作。

电线和电话线并不总是整洁干净的，但是它们对我们的家庭和工作来说，都是必不可少的

地方公共卫生部门

　　还有另一个部门来专门负责当地的卫生健康工作。他们的工作是确保人们能够呼吸到清洁的空气、喝上干净的水，以及使用安全的建筑材料来建造住房、厂房和道路。这个部门还专门负责检查餐馆厨房里的卫生状况，同时监测空气污染情况。

市政当局把钱用于什么地方？

钱必须被用于建设······

幼儿园和学校

从很小的时候开始，你就会与你家附近的其他孩子一起接受教育。

博物馆

你可以在当地的博物馆和美术馆里看到你最喜爱的动物、恐龙，了解各国历史知识和欣赏艺术。

关爱残疾人

残疾人在学校里、工作场所和家里都会有一些特殊的需求，他们需要市政当局的帮助。

公园

公园是一个开放的场所，那里绿树成荫，还有许多运动游乐场所，大家可以在那儿尽情地玩耍。

关爱老人

老人并非全都是能够生活自理的，他们有些需要养老院的帮助。

体育运动中心

参加体育运动中心的某一团队或者进行锻炼。

图书馆

在图书馆里有成千上万的书籍和其他媒体读物供借阅，那里同时还有舒适的座椅。

139

公共服务行业：消防部门

我们大家都着迷于消防车。每当消防警报响起时，都会让人激动不已，大家都会自动地让出道路让它通过。

当房子、工厂、办公楼和商店着火时，消防车便会出动，它带着长长的云梯，能够伸到高高的屋顶上。它还带着高压水龙头，能够迅速扑灭大火。这些高压水龙头会被接到街道上的消防栓里，而消防栓是连着总水管的。我们的饮用水也是从这个总水管里流出来的。

当发生森林大火、道路车祸时，或者有人在家里摔倒了，现场也会出现消防车或消防救护车的身影，它们甚至还会营救被困在屋顶上的宠物猫。

消防工作

如果你想成为一名消防员，那么首先要进行一些艰苦的训练。你还必须足够聪明，已经通过了正常的学校教育。但是无论如何，你必须身强体壮。试着想象一下，在一幢被大火燃烧着的大楼里，你要沿着楼梯把一名昏迷不醒的伤者安全地从三楼救出时的情形。

用来灭火的水来自最近的消防栓

高架云梯使消防员能够到达高层建筑的高处去灭火

训练

作为一名消防员，你要接受很多训练。你必须学会如何扑灭各种不同类型的火。有些火用水就能扑灭，而有些火则需要一些特殊的喷雾剂才能扑灭。消防员必须学会使用各种特殊的设备，比如消防水带、云梯、灭火器和一些消防工具。

火灾的危害

由火灾引起的一个最致命的问题是烟。消防队员必须学会：需要穿戴什么样的护身设备，如何爬行通过狭小的空间，如何扑灭高层建筑的大火，如何处理危险的材料和化学品，等等。

伸出援助之手

在紧急情况下，可能还需要消防员进行现场医疗急救；即使不需要，消防员也必须保持冷静，以协助现场的营救工作和予以其他方面的帮助。

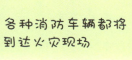

各种消防车辆都将到达火灾现场

141

公共服务行业：警察

无论你走到哪儿，你都会发现有警察在那里维持秩序。他们会保护你，使你不会遭小偷偷窃，不会被拦路抢劫者抢劫。他们也会保护你不受持有危险武器的不法分子的侵害。事实上，任何一个想伤害他人或者破坏他人财产的人，都会受到警察的追捕。

警察要做很多工作。有时候，如果你停车时间过长或停错了地方，交通警察就会给你开罚单。如果你以危险的方式驾车，那么，交通警察就会阻止你，或者要你缴纳罚款。

当然，警察也会在其他方面帮助你。他们会帮助你过马路，或者建议你应该往哪儿走。他们都是受过训练的，工作时他们会像朋友一样对待你和保护你。

在法庭上

如果一个人被指控为罪犯，那么，他必须让法庭做出判决。如果发现他真的有罪，那么，他就可能会被罚款或被投进监狱。法庭这样做是要付出一定成本的，它所花的钱也来自于各种不同的税款，其中包括你父母所缴纳的税款。

142

警察工作

警察的日常任务是帮助他人，以及时刻保持警惕

个人技能

如果你想当警察，你将需要掌握许多不同的技能。而且要想成为一名合格的警察，还要通过许多考试。警察的工作很紧张，因此要想成为一名警察，需要很大的勇气，而且你得一直保持身体健康，并始终充满力量。

无论是在马背上，还是在快速摩托车上，警察都在观察着周围的一切

警察需要知道所有这些知识

警察必须掌握基本的医疗知识，以应付突发事件；警察还需要掌握一定的法律知识，以便在法庭上为他们自己的行为做出解释；他们还必须知道如何富有同情心，能够与各种各样的人打交道。

自卫

警察需要学会如何使用枪支；要懂得一些防卫措施，包括搏击术；还要学会如何应对危险的情况和危险的人，要知道如何不让自己和他人陷入危险的境地。

保持健康

让家里每个人都保持健康是父母亲最关心的问题之一。除了不明原因的咳嗽和感冒外，几乎所有儿童通常容易犯的疾病，父母亲都要确保能够用正确的方式进行护理，而这种护理的费用有时候是很昂贵的。

家庭医生

大多数家庭都会有家庭医生，他们通常是当地社区的医生或者一些实习医生。在家庭医生那里会有你的一份医疗档案，这份档案详细记录了从你出生开始一直到现在的你的所有病史。医疗档案的内容包括了对你的所有治疗情况、用药情况和住院治疗情况等。

当地的牙医那里也会有一个相同类型的文件，在这个文件里列出了所有有关你的牙齿的治疗情况。这些记录意味着，当你生病时，医生是在许多已知事实的基础上决定如何给你治疗的。

但是，所有的这些记录、医生的拜访以及所使用的药品都是需要花钱的，这些钱或许是你的父母以某种特别的纳税方式支付的。

144

治病付钱

在许多国家，政府有责任确保人们保持身体健康。它要求每个人都从自己的工资里拿出一小部分钱来支付保持身体健康所需的花费。这种服务有时候被称为国民卫生保健。

治疗

如果你参与了国民卫生保健计划，那么，无论你何时得病，你都可以去看医生。如果你的病情很严重，或者如果你发生了意外，那么，你可以得到免费的住院治疗，甚至可以免费叫救护车。

牙齿

通常，儿童的牙齿护理与其他医疗保健一样，都是免费的。你在年幼时好好护理你的牙齿是很重要的，你的牙医会告诉你应该如何护理。

药品

当你生病时，你可能需要一些药品来帮助你恢复健康。几乎所有这些药品都是很便宜的。如果你参加了国民卫生保健计划，那么，这些药品还可能是免费的。

洗洗和擦擦

我们的家里经常会搞得一团糟。在厨房里，食物会洒落一地，油污会四溅，甚至会杯盘狼藉；浴室里会落满灰尘，浴缸和洗脸盆周围会积有污垢和头发。那么，你的卧室呢？它是不是每天都保持干净、整洁和气味清新？

清洁费

几乎每个家庭都需要每星期进行一次大扫除，这就意味着必须要有人去做。或许你的妈妈或爸爸做大扫除工作，而你也会帮着做点清扫工作。或者，也许你的父母会雇用别人来打扫卫生。如果是这样，那么，清洁费就应该纳入家庭开支的预算中。

清洁工具

每一项清洁工作都需要特殊的清洁工具：洁厕灵用来清洗卫生间和灭杀细菌；油污净用来去除油渍；空气清新剂用来让空气变得清新；洗衣粉（洗衣液）用来清洗脏衣服；而香皂和洗发水则能够让你变得干干净净。

小工具和机器

　　家里的清洁设备是一大笔开支。你想想，你家里有多少清洁用具。通常而言，清洁用具包括家庭清洁用的、熨衣服用的、清洗地板和墙面的，甚至可能还有其他的清洁小工具。

保险

　　家电出问题，也许是它里面的主要零件发生故障了，也许是其中的一个小零件出问题了。如果你的父母已经为它买了保险，那么，保险公司就会支付它的维修费，甚至还会为你们家支付更换小零件的费用。

　　保险是指为了防止发生某些不好的事情，预先定期地支付一小部分钱给一个叫做保险公司的组织。以后如果真的发生了不好的事情时，保险公司就会负责帮你支付费用。

餐桌上的食物

在一个家庭中，最大的开销之一是每星期采购食品的费用。在采购过程中，一些最基本的食品是必需的，当然你的父母还可能会购买一些"奢侈的"食品。这些"奢侈的"食品是你很喜欢的，但不是必需的，比如说冰淇淋和蛋糕。

自己种植

很久以前，农民们都是自己种植农作物的。今天，你也可以在你家的花园里种植水果、蔬菜，甚至还可以种植一些粮食作物。你可以饲养鸡、山羊，甚至还可以养一头奶牛。你自己种植的水果、蔬菜比去商店里购买便宜多了。

露天市场上的水果既新鲜又便宜

但是，你仍然需要把一些成本考虑进去。你首先需要购买种子、小动物。你需要一些工具和动物饲料。不过即使如此，你自己生产食物还是比去超市购买要便宜。

商店

虽然现在仍然还有露天市场，在那里有农民们自己种植的农产品销售，但是大多数人都会到街角小店、专门的食品店以及大型超市里去购买食物。

品牌的成本

你的父母可能会对摆放在超市里的食品的价格货比三家，他们必须做出决定，到底应该购买哪个品牌的产品。品牌是商品的特定名称或标志，不同品牌的商品价格是不一样的。如果你认出了某个品牌，那通常是这个品牌做过全国性的广告，一般来说，它的价格也会更高。商店自己的品牌会比较便宜，那是因为它不必支付在电视上、广播里和杂志上做广告的费用。

刚从花园里挖出来的新鲜的胡萝卜富含维生素

数量多少？

商品价格的多少，还要看它的容量，2升装的牛奶就比1升装的牛奶要更实惠。但是，如果大包装的食品在保质期内吃不完，那么，它就有可能变质，因此这个时候它就不一定便宜了。

是否新鲜？

几乎所有的食品都标有一个日期，它表明这个食品的新鲜程度，它会建议你最佳购买时机，并且告诉你在到期日之前把它吃完。

外出就餐

如果妈妈说她懒得做饭，而爸爸也不想做，那么，全家人可能就会到外面去就餐了。外出就餐是最昂贵的一种饮食方式，虽然在一些国家，在饭店、大排档、熟食店和快餐店吃一顿饭的价格并不高。大部分家庭都会有预算，每个月可以外出就餐一两次。

看看其中的价差

在家里制作的汉堡主要由以下几样东西组成：番茄酱、生菜、西红柿、小圆面包、奶酪。这几样东西做成一个大汉堡，它的价格为 1.03 英镑。

快餐店的汉堡包里面的东西和家里的一样，但价格为 3.30 英镑。

有升有降

因此，如何花钱，全在于我们的选择，不是吗？

不幸的是，吃、住的花费是必不可少的，关于它们，我们没有太多的选择。事实上，大多数人都发现，他们把大部分钱都花在了这些生活必需品上了，因此算出在必需品上的花费是一件非常重要的事情。

价格会上升或下降，人们的收入也会有升有降。那么，应该怎么办呢？人们非常关心一定数量的钱在各个不同的时间里到底能买到多少东西，一种方法是通过"生活成本"来衡量。"生活成本"，顾名思义，就是我们的生活需要花费多少钱。

在购买食品时看看价格总是有好处的

一篮子食物

对于食品来说，衡量方法是，比较一下标准的一篮子食物的成本，看看它有什么变化。这一篮子食物的成本，每年、每个月甚至每个星期都在变化，因此做好预算是一件相当棘手的事情。

即使是加工食品，它的价格也可能有所变动，虽然生产商会在价格低廉时买到原料，但是他们不会在价格低廉时一次性把原料都买齐，通常是在很久之后，当有需要时才会去购买原料。

一切皆因天气

新鲜食品的价格，比如谷物、咖啡（一般称为农产品），通常取决于天气。就拿小麦来说，如果种植小麦的地区干旱缺水，那么就有可能歉收，因此小麦的供应量就会减少，价格也会因此而上升。依此类推，小麦价格的上涨会带动面包和谷类食品的价格上扬。

甚至连肉类的价格都会受到影响。这是因为用于饲料的粮食减少了，牛和农场里饲养的其他动物就都会被过早地宰杀，那么，到第二年，肉牛就会变少了，因此，牛肉的价格也就会上涨，同时伴随而来的是牛排和汉堡的价格也将上涨。所有这一切皆因天气的变化。

农产品可能在远未成熟时……

……且价格上涨前就被买下了

有些农产品被晾晒和风干，然后被储存起来

遭遇严重的旱灾，农作物颗粒无收

151

家用汽车

你可能经常会要求你的爸爸或妈妈用汽车载你到某个地方去。如果他们告诉你，他们不能载你去时，你可能会生气。明明家里有汽车，为什么我还要乘公共汽车？答案是，自己开车是一项非常昂贵的花销，燃料只是汽车费用中的一部分而已。

购车时的花费

购车最贵的一项初始费用是购置费。大多数人无法一次性付清购买一辆新车的费用，甚至是一辆二手车也不行。这就意味着他们不得不借钱购车。由于大部分钱都是借来的，因此接下来的一段时间里，他们必须分期偿还，即每个月定期地支付一部分钱。

汽车牌照

你要开车，就必须要有驾驶执照。考驾照得花费一定的费用。驾照的有效期从 2 年到 10 年不等，一旦到期，你就必须进行更换。

注册登记

每辆汽车都必须到一个专门的办公室去注册登记，以证明汽车的所有权。在一些国家，注册登记的费用要比考驾照的费用高。

小型……

税

除了燃油税之外，国家或地方政府还会把消费税加进汽车的价格中。这些税收是用来支付道路、桥梁以及高速公路的维护保养的。

……省油

燃料费

现在大多数汽车都是通过汽油或柴油来驱动的。燃料的价格取决于石油的价格和政府对燃料征收的税款。在有些国家，税收是燃料价格的四倍，因此，小型汽车或者混合动力车更省油或节省能源，这种汽车比大排量的汽车更经济实惠。

保养费

即使是新车也需要进行正确的保养，这就意味着会产生保养费。更换机油、滤清器、刹车零件和轮胎，都是要付钱的。在一些国家，若干年后，汽车必须通过安全检查，任何有磨损并且可能会出现危险的零件都必须进行更换，而更换零件费以及安全检查费都必须编入家庭开支的预算之内。

报废的汽车堆积如山，它们被当作废金属回收再利用

污染

汽车是我们这个星球上最严重的污染源之一。它们所使用的燃料是不可再生资源，成本高昂。它们释放出来的气体会损害我们的健康。它们最终会报废、会毁坏或者自然老旧，进而变成一堆堆废铁。你为什么不使用公共交通工具或采用步行的方式呢？

153

花园

　　如果你家有一个花园，那么，在花园里种点吃的东西倒不失为一种很好的节约开支的方法——还会对地球环境有好处呢！因为这样，你将有助于减少矿物燃料的使用，也将有助于减少从世界各地运送新鲜农产品到你所在地的超市所造成的污染——飞机运送和冷藏货车都会对环境造成污染。

　　你只需要几平方米的土地、一些水和一点点时间就可以了。

窗台上

　　即使你没有一个大花园或者任何类似的园子，你仍然可以种植瓜果蔬菜等植物。如果你家有一个阳光充足的阳台或露台，或者在窗台上有一个室内药草园，那么，请考虑一下容器花园吧！当一个小小的盆子里种植出了那么多的西红柿和辣椒时，你会惊奇万分的。

改善你的健康状况

保持健康需要做的最重要的事情之一，就是多吃新鲜蔬菜和水果。自己种植的蔬菜和水果的品相更好，也更美味。蔬菜和水果的维生素含量在刚从花园里采摘下来时是最高的，你可以直接食用。

节省生活开支

如果你和你的家人食用从自己家花园里种植出来的果蔬食物，那么，你家的食品开支将会减少很多。你只需花很少的一点钱购买种子，它便能够生产出数公斤的果蔬产品。当然，你也可以自己从成熟的瓜果蔬菜中留出种子，你把这些种子晒干，到第二年就可以拿来种植了。

享受更美味的食物

新鲜食物是最好的食物。你知道超市货架上的食物已经存放在那儿多久了吗？你知道食物从农场到餐桌上要走多远的路吗？

自己种植的番茄的味道与从商店里买来的番茄的味道相比，好比苹果与墙纸的味道。很多人都非常关注食品市场销售的食品的安全问题。当然，如果你吃的是你自己种植的食物，那么，毫无疑问，你自然相信你的食物是安全的、健康的、适宜食用的。

宠 物

几乎可以肯定地说，你家将会养一只宠物。一半多的美国家庭都拥有一只以上的宠物，而在欧洲，拥有宠物的家庭超过了 7 000 万家。

当然，也许现在你的宠物很小，像一只沙鼠那么小——如果是那样的话，那就不需要花费你很多钱。但是，如果你的宠物很大，比如说是一只大猎犬或者是一匹马，那么，养宠物的成本将是一大笔开支。

欧洲人的宠物

在欧洲，有将近 2 500 万的宠物是养在家里的。在本书的第 43 页列出了英国的各种宠物数量，你能与你自己国家的宠物数量比较一下吗？

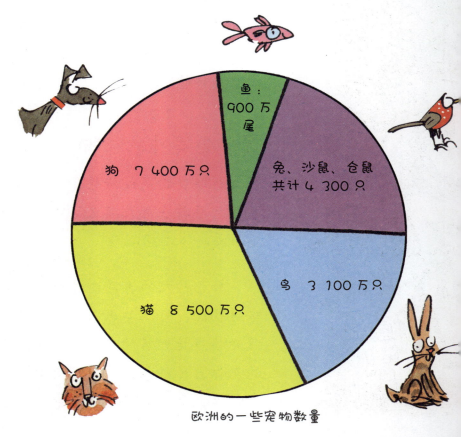

鱼：900 万尾

狗 7 400 万只

兔、沙鼠、仓鼠 共计 4 300 只

鸟 3 100 万只

猫 8 500 万只

欧洲的一些宠物数量

宠物费用明细表

　　饲养宠物除了初始成本之外——有些宠物在购买时就花了一大笔钱——还会产生其他一些费用。以下是一张宠物费用表，这是一个普通的宠物主人在一年内花在宠物身上的钱。

一匹马的花费每年可高达4 000英镑

　　据估计，一只狗的花费包括：
玩具／礼物／款待。
美容。
兽医费／医疗费。
狗舍／猫舍。
食物。
总计　1 183英镑。

宠物统计

　　据估计，48%或1 300万个英国家庭至少拥有一只宠物。在英国，总共大约有6 700万只宠物。

狗：800万只。

猫：800万只。

养在室内的鱼：有2 000～2 500万尾鱼养在鱼缸里。

养在户外的鱼：有2 000～2 500万尾鱼养在池塘里。

兔子：100万只。

养在笼子里的鸟：100万只。

豚鼠：100万只。

仓鼠：超过50万只。

家禽类：超过50万只。

蜥蜴：30万只。

青蛙和蟾蜍：20万只。

蝾螈／火蜥蜴：10万只。

蛇：20万条。

乌龟／海龟：20万只。

沙鼠：10万只。

马／小马驹：10万匹。

鸽子：10万只。

昆虫类：不到10万条。

小老鼠：不到10万只。

家庭娱乐

平时，你的父母忙于工作，你也要在学校里努力学习。回到家里，你的父母有许多家务活要做，而你也要完成你的家庭作业。唉，总是有那么多忙不完的活要干，因此，大家的闲暇时间就变得非常宝贵了。

当然，你可能想整天泡在电脑前，或者戴上耳机沉浸于自己的世界当中，但是大多数家庭都会设法让全家人一起共度美好时光。与家人在一起的时光实在是太温馨了，根本不容错过。全家人可以一起前往冒险乐园，可以去看电影，可以去参加露天音乐会，可以一起外出就餐，也可以一起去赛马或参加足球比赛，等等。有这么多有趣的事情可以做，你还想错过吗？

体育运动是让你度过你的空闲时间的一种非常好的方法

免费娱乐

现在，很多娱乐都是免费的，但是也有许多是要花钱的。在很多情况下，你能享受多少乐趣，取决于你有多少假期以及你父母有多少空闲时间，当然还取决于你们家除去日常开支之外，还有多少余钱。

158

不需要花太多钱的娱乐

一个家庭要想享受美好的休闲时光，不一定需要花费很多钱。你可以在自家后花园里玩游戏，比如说踢足球；你也可以邀请一些朋友加入，一起到公园里玩游戏；你还可以骑着自行车去乡村远足或者与大家一起骑自行车穿越整个城市的街道。

闲暇时间可以与你的朋友和家人一起度过

或者你自己一个人独自度假也很好

廉价的休闲娱乐

这儿有一些建议，你可以不必花费大笔金钱，但是却可以很好地享受你的闲暇时间。

你可以举办一个聚会，邀请你所有的朋友前来，但请你的朋友自带食物和饮料。

你可以到海滩或公园里待上一整天，在咖啡馆或酒吧用午餐。

去看一场足球赛或听一场音乐会，你可以选择高处的廉价座位。虽然坐得比较靠后，但是有大屏幕，它不会让你错过任何的场景。

假日时光

假日时光的意思是，全家人可以在一起休闲娱乐。度假的时间可以选择在冬天，也可以选择在夏天或春天，通常会持续几个星期。你可以去度假胜地，也可以去海滨别墅、山间小屋，甚至还可以在游轮上度假。你度假时间的长短、度假地方的舒适程度，取决于你的家庭经济状况。

在主题公园的家庭度假，一定是一次千载难逢的美好经历

如果你想去国外旅游，那么费用就会上升。大多数家庭都会提前做好准备，这样他们就可以为这次度假编制预算，可以每个月预留出一部分钱出来。你同样也可以这么做，你可以从你的零花钱中或者你自己赚来的钱中留出一部分，建立你自己的假期基金。

廉价的旅行度假……

当许多旅游公司宣传廉价旅行度假和廉价机票时，它们实际上针对的是你预算之内的度假和机票。它们也假设你的预算是有限的。它们的真正意思是，只要你做好预算，旅行度假其实是不贵的。

廉价的旅行度假往往意味着你可以留在自己的国家，也许你可以租一辆家用小轿车，然后到处转转。也可能意味着你可以去国外旅游，但参加包价游。在包价游中，你去的大部分地方都已经为你定好了，包括机票、住宿和膳食。

……或者豪华游

或者你可以度过一个奢侈的假期。几乎可以肯定地说，你会到一些热门的度假胜地，那里的酒店和设施都很豪华。那里有海滩，酒店里有运动和娱乐设施。

总之，你如何度过你的假日时光，完全取决于你的父母亲愿意为这次假期花费多少钱，也意味着你们必须做好一个预算以确保有足够的钱可用……

……一旦你做了一个很好的预算，那么就可以保证全家有一个美好的假期。

养育你要付出的成本

你的父母肯定不会把花在你身上的钱看做是成本。他们爱你，他们会尽自己最大的努力给你幸福。他们希望你身体健康和强壮，他们想为你提供最好的学习机会，让你充分发挥自己的潜能。他们可能根本不会去计算花在你身上的钱是多少，但是现在还是让我们来算一算吧！

让我们想象一下，你的父母将要照顾你 21 年，从出生那天起到你 21 岁——21 岁刚好是你大学毕业的时间。

他们不会惯坏你，但是他们会为你支付所有的基本费用或必需品费用，比如食物、衣服、校服和日常出行需要的费用。他们还会为你支付一些奢侈品的费用，诸如你参加课余的体育运动和俱乐部的费用，以及购买电脑、手机的费用。他们还会给你零花钱和生日礼物。

在英国，一对父母亲花在一个孩子身上的钱可能高达 22.25 万英镑。而在美国，这一数额将超过 30 万美元。

花在你身上的成本

教育费——校服，课后俱乐部和大学费用，交通费。

育儿费和保姆费。

食品。

服装。

度假费用。

发展业余爱好的费用和购买玩具的费用。

闲暇时的费用。

零用钱。

购买家具的费用。

个人费用。

其他。

总计 9 000 美元。

对于父母来说，养育小孩得付出巨大的成本

开发你的创造性技能是教育的一个重要组成部分

然而，一半孩子……

全世界上几乎有一半人——30 多亿人——每天的生活费不足 2.50 美元。这些人当然也包括孩子在内。

如果一天只用 2.50 美元，那么在欧洲各国，养育一个小孩，一年需要大约 900 美元，把一个小孩从出生养育到 17 岁只需要 1.65 万美元。而全世界有一半的孩子生活在贫困当中。

163

你的教育

事情似乎就是这样永无休止地持续下去：起床—上学—回家—做作业，每天周而复始。有时候你真的希望这种生活有结束的一天。但幸运的是，你的父母已经跟你解释了为什么你需要过这样的生活，你的早期教育是你一生当中最重要的事情。

免费教育

对家长来说，在大多数国家早期教育通常都是免费的，这包括小学和初中，甚至是整个中等教育。建设学校和聘用教师的钱来自于你父母缴纳给地方政府以及联邦政府的税。你的父母所缴纳的税也会被用于其他方面的支出，如公共交通、教科书和体育活动。

教育成本

你的父母知道，如果你没有受过教育，那么等你长大后，就业机会就会变得非常有限，你将赚不到多少钱。所以，他们现在花在你的教育上的钱是值得的。以后，你就不要再问"我必须做家庭作业吗？"这个问题了，因为你已经知道答案了！

课后补习

在韩国，教育还包括额外的补习。全国 95% 的中小学生在放学后都会去参加课外补习，提供这种补习的课后辅导机构被称为"补习学校"。这些机构为孩子们进入高等学校提供帮助。也有韩国的学生去非常专业的学校进行学习，比如说武术学校和音乐学校。因此，许多学生不但学习时间很长，而且补习时间也很长，时常要学习到深夜才能回家。

大学专科和大学

你该为你的大学专科或者大学教育支付多少学费，往往取决于你的居住地。在大多数国家里，你接受大学专科或大学教育的费用，只有一小部分是由国家税收负担的，而大部分学费都是要家长自己支付的。当然，学生也可以申请助学贷款，但是到时候必须及时偿还。在英国，学生自己需要承担的大学费用是有限的，但是仍然需要数千英镑。在美国，大学教育的费用则是英国的四倍之多。而在印度尼西亚，却很便宜，它是美国的十分之一。

如果你是远离家乡去读书，那么教育成本就要增加了，你还要支付你的食宿费用。

降低高等教育费用的一个方法是获得奖学金。奖学金能为你的高等教育的学费和生活费提供额外的资金。这个奖学金可能是由政府提供的，也可能是由捐助大学的私人提供的。

165

你的服装

你衣柜里的衣服少得可怜吗？或者你衣柜里的衣服堆积如山？又或者你所拥有的衣服介于两者之间？你可能希望自己能够拥有一些最时髦、最昂贵的运动鞋。其实关于你的服装，唯一真正重要的事情是，够穿了就好！

校服

在许多国家，学生穿校服的时间占到了大多数。对于学生们来说，这是削减服装开支的一种方法。校服很少有外表时尚的，但是可以保证的是，它不会引起同学们之间的相互攀比，而学生家长们也不用面对孩子购买各式各样服装的压力了。校服是一种伟大的"平衡器"。

时尚品

大家都知道，你并不需要用最时髦的名牌服装来装扮自己，你不需要用服饰来衬托和提升自己。但是这也并不意味着你非得把自己弄得衣衫褴褛不可。其实你不必付出高价，就可以让你自己的穿着变得得体大方。

广告商和时尚杂志可能会建议你付高价买名牌服装，因为这是他们的工作。你必须考虑你自己或者你的父母是否负担得起。在你的家庭预算当中，你父母或许打算把家庭收入的10%拿来支付全家的服装费用——这已经是一大笔数目了。

时装　　　普通服装

越来越便宜

服装并不一定都是昂贵的，有些专卖店会打折销售，有些连锁店也会卖一些平价商品。

在今天，普通服装一般来说都不贵，因为现在全世界有很多服装生产大国，比如说中国和印度，它们的劳动力价格比较低廉。在这些国家，缝制一件T恤衫的成本只有美国的一半。

到廉价商店或者到能够用最少的钱买到最多的物品的地方购物

167

你的零花钱

　　一般来说，你的父母亲是不会向你收取你在家里吃住的费用的，他们还有可能会帮你购买你的学习用品。不过大多数父母还是宁愿给孩子零花钱，孩子自己个人的开支让孩子自己负责。

　　许多父母认为，在孩子年纪还小的时候就学会管理自己的钱是非常重要的。他们可能会定期给你零花钱，而不是当你向他们要时才给你钱。

　　你能得到多少零花钱取决于你的父母亲愿意给你多少钱，或者他们认为你应该需要多少钱。

零花钱的金额和获得零花钱的时间

零花钱是你获得固定收入的第一步。你可能希望你的零花钱是一个星期给一次，但这取决于你的家庭预算安排，同时取决于你这笔零花钱能用多久。如果你认为你在拿到零花钱的第一天就会把钱都花光，那么，一个星期给一次并不是一个好注意。

你的父母给你零花钱可能是有附带条件的，他们可能会要求你做一些家务。这时，你需要确切地知道你父母希望你做什么。

你的"收入"

这里所说的家务活，可能只是你的父母让你简单地在厨房里帮一下忙，或者打扫一下自己的房间。实际上这些事本就是你应该做的。他们也可能是让你照料一下宠物或者做一点花园里的工作，或者是让你在他们干活的时候帮一下忙。

没问题，你会得到报酬的！

总　结

我们把上面说的这一切都总结一下。

什么是预算？

预算是对你家里的钱是怎么来的、怎么花掉的一个估计。你家里的钱主要来自于你父母亲的工资。如果你有哥哥或姐姐，那么也包括他们赚来的钱。你家里的钱就是你的家庭收入。

在同一段时间里，花掉的钱就称为开支。在这里，我们举一个家庭预算的例子。

比方说，你的家人的工资总额是每月 4 500英镑，如右图所示，你家里预算中的家庭开支为 3 945 英镑。

那么，剩下的 555 英镑可以作为储蓄存起来，也可以用于购买一些"奢侈品"。你们可以全家人一起去看一场电影，也可以购买全家人都想买的一些东西，或者甚至你的父母还可能会给你一点额外的零花钱。

每月收入

家庭工资 4 500 英镑

每月支出

家庭支出

　　食品　450 英镑
　　电费　200 英镑
　　燃气费　150 英镑
　　水费　35 英镑
　　修理费　100 英镑
　　维护费　175 英镑
　　保险费　180 英镑
　　共计　1 290 英镑

按揭或租金　1 500 英镑

旅游

　　汽车燃料　105 英镑
　　汽车维护费　150 英镑
　　保险　125 英镑
　　汽车贷款　275 英镑
　　共计　655 英镑

税

　　水　50 英镑
　　地方税　450 英镑
　　共计　500 英镑

总计　3 945 英镑
余额　555 英镑

下载

你不必像上面那张图所示的那样，事无巨细地把什么都写在纸上。如果你的父母并没有像左图所示的那样做预算，那么，你可以帮他们设计一个预算模板。

有一些非常容易使用的电子数据表，你可以去以下网站下载，网址是：http://www.budgetworksheets.org/.

现在，你可以请你的父母亲帮你把所有的项目明细都填上去了，然后你就可以把它们都计算出来。

讨 论

小账单

在家庭预算中，有很多方法可以帮助你减少开支。仔细想想在通常的某一个日子里，你的家庭的所有花费吧——电费、燃气费、水费、供热费、交通费、餐饮购物支出、购买衣服的支出等。对于减少家庭开支，你能做些什么呢？这里提出一些建议供参考：随手关掉不需要用的电灯；出门多走路，少乘公交车。请讨论一下你能够做到的其他一些减少开支的事情吧！

钱是长在树上的吗？

几乎每个人都希望钱是长在树上的。如果真是那样的话，那么，生活就会简单得多，我们的地球上也就会有更多的森林。然而，实际是，钱是有价值的，它可以用来交换同样有价值的商品和服务，钱是一种宝贵的东西。你花的每一分钱都必须是赚来的，这通常是你父母亲每小时辛苦工作的所得。

你怎么赚钱？

如果你够幸运，你会得到一些零花钱，你可以随意地花你的零花钱。但是许多父母都认为，孩子的零花钱必须是孩子自己赚来的。你可以通过帮助他们做些家务或者干一些跑跑腿的事情赚零花钱。那么，你做什么事情能够帮到你的家庭呢？你可以问问你的邻居或者你的朋友，他们有什么愿意付费的活让你干。

购物有问题吗？

如果你真的需要购买什么东西，那就放心大胆地去买吧，这根本没什么，但千万不要买着玩！请记住：在家庭预算里有必需品和奢侈品之分，所以你需要理智地花钱。最好的办法是列一个清单，然后坚持按清单购物。请你想想还有没有其他办法可以控制你的支出。

为什么你需要银行？

对你的父母亲来说，拥有一个银行账户是必须的，因为有了银行账户，你的父母亲才能把钱存放在安全的地方，而且还可以支付账单。你可能有一个储钱罐，你把零花钱和其他多余的钱都放在了那儿。但是你也可以把你的钱存在银行里。如果你每个星期或每个月都存一小笔钱到你的储蓄账户里，那么，银行会给你利息吗？讨论一下你如何才能开立一个银行账户，你愿意用你存的钱去买什么东西。

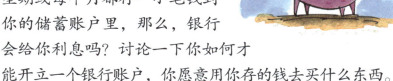

为什么不创建一个心愿单？在上面列明每件商品的价格，这样你就知道你需要在你的账户里存够多少钱了。你甚至可以给自己设定一个期限，规定在某一个日期之前赚到并存够你所需要的钱。

怎样保证安全和改善环境？

所有东西都要花钱，而且可能会花很多钱，所以好好地珍惜钱真的非常重要。你还记得你应该如何保护你自己、你的钱、你家的财产以及你生活的环境吗？作为初学者，你千万不要忘记，万一出了什么问题，不要慌张，还是有一些方法可以帮你弥补损失的。

此外，环境也需要我们好好保护。我们要降低生活成本，要让我们的生活环境变得更健康。请讨论一下，你有什么方法可以保护和改善你周围的环境。以下给出的是一些建议：对所有物品，你要尽可能地做到回收再利用；你可以自己种植蔬菜。你还能想到其他方法来保护你和你的家人吗？

信用卡透支还是贷款？

你的父母亲可能会去银行办一种特殊的卡，这样他们就可以不需用现金来支付了。这类卡被称为信用卡或借记卡。你知道它们之间的区别吗？讨论一下，这两者哪种更好用，为什么？最后，如果某样东西你家里有需要，而全额付款又承担不起，那么，这时候银行会贷款给你们——比如买汽车的时候。你还记得你们家还需要其他贷款吗？

Your Money

个人理财

钱是什么？

钱是什么？对于这个问题，答案似乎是显而易见的，钱就是躺在你口袋里或钱包里的、会发出叮叮当当响声的那个东西。当然，钞票也是钱，它来得快去得也快。但是，如果这些硬币和纸币是来自另外一个国家的，并且它们在你自己的国家连一张公交车票都无法买到，这时你还能称它们为钱吗？对于那些塑料做的钱，即借记卡和信用卡，你又是怎么看的呢？

钱是一种承诺

当然，你最好随时随地都带着一些硬币和纸币，尤其这些纸币或许只不过是一小张一小张的纸，但是它们具有钱的功能，它们是目前最流行的钱的形式。然后就是信用卡和黄金，它们也是钱，对吗？甚至还有一种钱，你看不见，摸不着，它就是电子货币。那么，这些都是真正的钱吗？

钱会不会过时呀……

因此，显而易见，钱的形态和形式一直都在发生着变化，虽然它的变化并不总是像从玛瑙、贝壳变为借记卡那么引人注目。此外，在各种场合和各个地方，人们使用钱的方式也并非都是一成不变的。这主要是因为钱并不仅仅关乎现金——纸币和硬币，也并不仅仅关乎信用卡，它还关乎银行和储蓄。

176

钱已经有6 000年的历史了

当我们弄清楚，什么可以被当做钱、什么不能被当做钱时，我们就会发现，在过去各种各样的、令人意想不到的东西，都曾经被我们当钱来使用过，比如琥珀、珠子、玛瑙、贝壳、鼓、蛋、羽毛等。

实际上，几乎任何东西都可以被当做钱来使用，甚至可以是几只羊，只要人们都认可它们的价值就行了。

钱以各种形式存在已经有 6 000 年的时间了。事实上，钱并不只是出现在某一个地方，它形式多样，在世界上各个不同的地方都曾出现过。

但是无论拿什么来当钱，它总是具备以下四个特征：

* 每个人都同意使用它。
* 每个人都同意它可以以不同的方式被使用。
* 每个人都一致同意它有价值，而且可以对它做出更改，但这种更改必须是大家都能接受的。
* 每个人都同意尊重它所代表的东西。

因此，让我们来搞清楚钱是如何为你工作的吧！

钱是一种必不可少的东西

你有钱吗？今天你让你口袋里的钱发出叮叮当当的响声了吗？你的手提袋里有一个装满硬币和纸币的钱包吗？或者，你是不是拥有一个储钱罐，那里塞满了你的零花钱？又或者你已经拥有自己的储蓄或银行账号了吗？

你有钱

如果你的情况符合上面所列举的任何一条，那么，你就是一个有钱的人了，而且随着时间的推移，日积月累，你的钱可能会越来越多。

钱会进进出出

钱就像是水，它会自由地流动，在每个人的口袋里进进出出。在你的一生中，它肯定会从你的口袋里流进流出，但是它流出去的速度会比流进来的速度更快吗？

如果钱流进了你的口袋，那么，这就是你的收入了。这可能是你的工作所得，也可能是别人给你的零花钱，还有可能是你得到的礼物，或者可能是别人送给你的。如果钱流出了你的口袋，那么，这就是你的支出了，你可能拿钱买东西了。如果钱流进你口袋的速度超过了流出你口袋的速度，那么，你就会变得富有起来；如果相反，你就可能有麻烦了。

钱也是一种非常有趣的东西

赚钱是一件乐事，当然花钱也是一件乐事。不过事实上你可以做得比这更好。你可以让你的钱再生钱，或者把你的钱投资出去。这是一个真正的挑战！

你可以用一种特殊的方式把它花掉，这样你在赚钱的同时又在花钱了。这是一个更大的挑战！

或者你可以与他人分享，你可以充分利用你的钱去帮助那些真正需要帮助的人。你可以想象一下接受你帮助的那个人。

* 我们常常会想到钱并谈论钱。
* 我们喜欢有钱，没有钱我们什么也买不到。
* 我们需要用它来购买一些如食物和住房之类的生活必需品。
* 钱可以买到一些有趣的东西，我们因此而得到某种享受。

因此，钱是一种必不可少的东西。你离不开钱，不过这并不是一件坏事；正好相反，钱是好东西，你可以随心所欲地使用它，它会给你带来乐趣。钱会生钱，你也可以开心地花钱，你更可以拿它来帮助别人。

越早开始越好！

179

钱没有脚，却可以到处走动

1 你想要购买一些口香糖，因此你拿出几枚硬币放到商店的柜台上，收银员收下了它们。

6 这些硬币最后流通到了一个孩子的手中。半个小时后，这些硬币又被递交到了当地糖果店的收银台上。

你在花钱时，钱就进入了流通领域并开始流通了

购买东西时，你会把钱付给店主，而店主会把钱存入银行，银行又会把钱转交给别人……

2 收银台里的钱不断地进进出出。

3 这些硬币发现自己在同一天里进出了四个不同的收银台。

5 它们仅仅在银行里待了两天，然后就又被一个兑换零钱的娱乐商场的老板兑换走了。

4 在周末时，它们被装进了袋子，并被交给了银行。

事实

* 在货币的流通过程中，年轻人所起的作用是让钱越来越多，这其中也包括你。

* 你不仅仅是一个购买者或者一个消费者，你还是货币循环过程中的重要组成部分。

* 年轻人不会拥有过多的钱，消费也不是他们需要做的唯一的一件事情。现在该是他们学习理财的时候了。

* 年轻人的工作会经常发生变动。社会上稳定的工作并不多，但是创业的机会却很多。你需要让自己变得更强大，你需要获得更多的帮助，你也需要有责任心。

* 你是一个年轻人，你可能缺乏经验，但是你可以把你所拥有的以下这些无价的资产拿出来与他人竞争：彬彬有礼、守时、聪明睿智、有责任心、讲诚信，人们会因为你所拥有的这些品质而投资于你。

美好的未来正在向你招手……你可能会拥有更多的钱，甚至可能会远远超过你的父母。会有更多的机会到你面前来！

收到钱

当你意外地得到一笔钱时，那种感觉真是太棒了。当你从小水沟里或者从垃圾堆的一个鞋盒里发现一枚硬币时，你可能会小小地激动一下。但可恨的是，你总是碰不到这样的好事。不过没关系的（惊喜！惊喜！），就是现在，请你马上行动起来，以你自己的名义存下一笔钱，或者在将来的某个时候你意外地得到了一笔钱，这两件事都有可能会改变你的生活。

生日时收到的钱

当你的生日来临时，你可能会收到那些疼爱你的亲戚朋友送给你的钱。或许，你刚出生时就已经收到过钱了。在这种情况下，你的父母可能已经以你的名义为你开设了一个银行账号或者储蓄账号了，并且还很有可能，这么多年来，你的父母一直在不断地往那个账号里存钱，只不过他们忘记告诉你罢了。是不是这样？

信托基金

你的父母甚至可能已经为你建立了一个信托基金。有时候，大人们会在银行里设立信托基金，或者把钱放在贷款或储蓄账户里进行投资，直到有一天孩子们长大了能够自己使用这笔资金为止。对于这种信托基金，人们通常会设立一个年限，在此之前无法动用它。

继承得到的钱

当某人的某个亲人去世时，他从死去的亲人那里获得了一笔钱，这就是继承所得。不过这种获得钱的方式是令人悲伤的。遗嘱是一份法律文件，在遗嘱中会明确规定当一个人去世后，该如何处理他的财产。如果没有遗嘱，那么，死者就会被称为无遗嘱死亡者。在这种情况下，到底由谁来继承死者的遗产，将由法律来决定。某人可能会成为继承者，不过是由一个陌生执法者来决定他能够得到多少。

你的财产

如果这些意外之财落到了你的头上，自不必说，你应该把它们用到刀刃上。如果你有了储蓄债券，或者信托基金，或者银行账户，或者其他任何形式的钱，那么，就可以说你拥有了自己的资产。资产是指你的财务价值，它被称为净值。随着你年龄的增加，净资产对你会越来越重要，它能够让你得到银行的财务支持以实现你的梦想，它能够帮助你读完大学，也能资助你进行环球游学。

零花钱

零花钱是一种固定收入

　　零花钱是你所获得的固定收入的第一站。基本上你每个星期都能准时而全额地获得一小笔零花钱。零花钱的来源通常很稳定，你完全可以依赖它。也就是说，在零花钱还没有到手之前，你就可以好好地计划着怎么花这笔钱了。

　　你是喜欢零花钱以周津贴的方式还是以月津贴的方式给你，这取决于你的家庭预算安排，当然它也同样取决于你的财务计划，即你相信自己这些零花钱能维持多久。财务计划就是人们所称的"预算"。如果你觉得你第一个星期就可能会把零花钱花光，那么采取月津贴的方式就不合适了！

你得到过零花钱吗？

关于给小孩补助或零花钱的价值，仁者见仁，智者见智。在这一点上，你可能会发现你的父母也需要一点点说服力。其实，你的父母或许心知肚明，他们相信，你在幼年时就开始学会管理自己的钱是非常重要的。

你得到过多少零花钱？

你能得到的零花钱的多少，取决于你的父母能给你的数目，或者取决于他们认为你应该得到多少。

请你记住，你的父母一切都希望给你最好的，请你像接受礼物一样接受你父母给你的零花钱。事实就是如此！即使你的父母给你的零花钱少之又少，你也应当心存感激。

父母备忘录

* 让你们的孩子拥有零花钱，对你们的孩子大有裨益。

* 它有助于培养你们的孩子的独立意识。

* 它能够帮助你们的孩子理解金钱的价值。

* 它能够教会你们的孩子做出决定，是直接把它花掉，还是把它存起来，或者几个星期后用它去购买一件特别的东西。

年龄和阶段

在你们的孩子的每个生日到来的时候，你们都应该定额地增加孩子的零花钱。如果你们的孩子已经长大了，大到可以帮助你们干家务活，那么，你们就可以安排他参与家务劳动，作为交换，你们可以给他一些额外的零花钱。

家务活

因为你负责完成了某项家务活，作为回报，你的父母可能会额外给你一个星期的零花钱。你不可能永远生活在一个饭来张口、衣来伸手的世界中，因此通过劳动获得收入是一种很好的锻炼，这是为你的将来做准备的。

附带条件

因此，随着零花钱而来的是责任心。如果你获取零花钱的附带条件是你必须完成某项家务活，那么，你就有必要与你的父母签订一份协议或合同，在协议或合同中应该明确规定你父母期望你完成的事项。

小工作，大影响

家务活可能是很简单的，或许只是让你在厨房里帮忙，也可能只是让你打扫自己的房间——这本来就是你应该做的！他们也可能会让你去照顾宠物，还可能会让你清洗汽车或者在花园里干活。

你所做的这些家务活一定是可以帮到你的父母的，并且一定是全部家务活中的一部分。

合同

为什么预先签订一份合同或协议是非常重要的？一旦你同意做什么家务活可以得到报酬，做什么家务活不能得到报酬，那么，你的父母便会希望你能够坚持下去，遵守约定。当你无法按约定做好你的事情时，麻烦便会随之而来，比如说，你忘记了铺床，忘记关掉楼下的电灯，或者把猫关在了门外。

按协议在家里做一些有意义的家务活，它能够让你获得更多的零花钱

针锋相对（以牙还牙）

当然，你的父母也可能会认为，你帮助他们做家务应该是你日常生活的一部分，他们并不乐意为此支付给你报酬。

你能做的工作

清洗车库	聚会表演	照看老奶奶和老爷爷
给花园家具和围栏上油漆	做小丑、魔术师	送货
做园丁	制作气球模型	电脑设计
洗车	讲故事，表演	制作卡片、标志等
铲雪	音乐制作	工厂销售
扫地，擦窗	动物收容所工作人员	在小花盆里种植草本植物
骑术学校帮手	清洁犬舍，遛狗，喂食	卖旧衣服、玩具、游戏机
照看植物	宠物保姆	设计T恤衫

赚　钱

过不了多久，你就会明白，让你有钱的最可靠的方法是赚钱。或许你得到零花钱和一些补贴是有附带条件的，比如说，你得做一些零星的家务活才能换回一两美元的零花钱。但是，进入劳动力市场，也就是走出家门出售你自己的时间、精力和专业知识，不仅会给你带来收入，而且还会让你受益匪浅。

第一份工作

几乎可以肯定，你的第一份工作必定是在"做好功课"的前提下接受的。不要低估任何一份工作的要求。如果你接受了某份工作，你就必须全力以赴地花时间去完成它。你必须优先把这项工作做好，就像在学校里一样。

再者，你又不想放弃你的体育活动、社交活动以及家庭生活，所以完成这项工作是需要花费你额外的精力和时间的。为此，在你接受这份工作之前，请务必三思！

儿童消费力

通过"儿童消费力",孩子们在很大程度上实现了对家庭支出的控制。"儿童消费力"是指儿童说服父母花钱的能力。英国有超过三分之二的青少年说,他们有能力去影响父母的购买决策,他们能够让父母对他们言听计从……

研究人员发现,父母不喜欢对孩子们说"不",他们情愿放弃购买自己的东西,也不愿意拒绝孩子们的要求。

承担固定工作能够为你赚取额外补贴

付出努力会得到回报

最后,你会因为你付出的努力和做出的贡献而获得回报——这应该会使你感觉良好!你会因此而获得真正的成就感,你的自信心也会得到增强!

189

当你有钱时的三种选择

在你让它发挥作用之前，钱只不过是一块金属或一张纸，甚至有可能只是一张塑料卡。你可以以三种不同的方式去使用它：你可以花掉它，也可以把它存起来，或者把它捐给别人。不同的使用方法会给你带来不同的结果。

花掉它

对于那些喜欢花钱的人来说，钱是有史以来最好的东西。它是支持你长时间购物以及拥有物品（而且是新的物品）的关键所在。不过，它会让你养成一个坏习惯，即纯粹为购物而购物。

当然，钱也可以让你获得新的体验、让你去冒险，它可以让你有实力加入某个俱乐部，帮助你签订对你有利的合同。如果你能够明智地花钱，那么，你就会拥有这些新财富或新体验给你带来的好处。

存起来

有些人可以轻轻松松地把钱存起来，这实在让人惊讶。对他们来说，这似乎是件很自然的事。人们处理金钱的方式是很不一样的，一如他们的外表，以及别的他们感兴趣的事情一样。

你只需要不花掉你赚来的或者得到的钱，你便能够存下钱来。如果你手上只有几枚硬币，那么，你就可以将它存在储钱罐里。但是当你得到了更多的钱时，你就会希望把它存在银行里，这样你每个月还会获得一笔额外的收入——利息。

捐给别人

与他人分享是你通常会做的一件事，这只是因为你想这样做，而不是因为你必须这样做。你对你的朋友伸出援助之手，可能是因为你知道在某个时候你的朋友会回报于你。但实际上，帮助那些急需帮助的人，会让你感觉良好。我们的周围有很多人都急需别人的帮助。每星期都往慈善箱里投进几枚硬币，意味着在某个地方的某个人将会受到你的帮助。当然，你也可以直接帮助那些需要帮助的人，这样，你就能看到你的资助是如何帮到他们的。

191

存起来

对很多人来说，存钱就像花钱一样容易。有些人甚至说，存钱就是花钱的对立面。从表面上看起来或许确实如此，但实际上并非如此。你可能会说，与往你口袋里装进 10 英镑钱相反的是从你口袋里拿走了 10 英镑钱。不过，事情真的就这么简单吗？

睡着了的现金

如果存钱对你来说意味着把现金藏到你的床垫底下，并且让它静静地躺在那儿，那么，你就会发现，随着时间的推移，被你"藏"起来的钱的价值会不断地下降。如果你把它扔进你的储钱罐，它一样也只是静静地待在那儿毫无作为。因此，这类存钱方式都不可能是你想要的。

工作着的现金

与上面所说的相反，另外还有几种存钱方式，从根本上说，它们与花钱一样，也是把你的钱投入流通当中去。当你把你的钱存入你的银行或邮局的储蓄账户时，你要相信别人会让你的钱越变越多。银行会把你的钱投资到商业交易中，它会设法赚取利润，而其中的一部分利润会以利息的方式返还给你。

你是哪类储蓄者?

非储蓄者

* 你花钱时完全不考虑你需要什么以及想要什么。
* 你总是会买一些稀奇古怪的奢侈品，因此一分钱也存不下来。
* 你总是入不敷出。

小额储蓄者

* 你很会花钱，不过你会衡量一下你需要什么和想要什么。
* 也许你不会购买一些稀奇古怪的奢侈品，因此你可以节省下一点点钱。
* 你存下来的钱会慢慢地增多。
* 你存的钱越多，你的感觉越好。
* 你仍然会购买一些你想要的东西。
* 你能够应对突发事件。
* 你会购买一些即使用你一个星期或者一个月的零花钱也买不起的东西。
* 你正在学习某些生活技能。

储蓄大赢家

* 你尽可能地少花钱。
* 你很喜欢存钱，平常只购买一些必需品。
* 你尽可能多地把钱存入银行。

小猪储钱罐

大多数孩子都可能曾经拥有过一个小猪储钱罐。但是，为什么是小猪储钱罐呢？为什么不是小犀牛储钱罐，或者小土豚储钱罐呢？难道是人们认为小猪比其他动物更能够让人们节省自己辛苦赚来的钱吗？好吧，或许如此，但是这并不是我们拥有小猪储钱罐的原因。

把小猪养肥

在很久很久以前，在西方社会，猪是穷人们的储钱罐。春天，穷人们从市场上买回一头小猪，每天喂给它吃家里的剩菜剩饭，把它养大养肥，然后在入冬之前把它宰杀掉。你的小猪储钱罐是用你节省下来的零花钱喂养的，同样也能把它养肥。当储钱罐被塞满钱时，你就可以打碎它，把里面的钱取出来了。

在德语国家里，付工资给学徒是一种惯例，学徒是指那些为了成为技工而接受培训的人，学徒们一年的工资通常就是一头猪。因此，猪便成了投资的象征——既是金钱投资的象征，也是投资年轻人的象征！

Pyggs（储钱罐）

很久以前，人们在厨房里摆满了各式各样由一种被称为 pygg 的黏土做成的瓶瓶罐罐。当他们想要存一些钱时，为了安全起见，他们就把钱放到这些瓶瓶罐罐里去。最后，这些存放钱的瓶瓶罐罐就被人们称为"pygg 储钱罐"了，后来又进一步被称为"pyggy 储钱罐"。

毫无疑问，没过多久，一些精明的手工艺人从中获得了灵感，于是就制做出了形状像一头真正的猪的储钱罐，小猪储钱罐就这样诞生了。

古老的黏土 pygg 储钱罐

我们今天所熟知的小猪储钱罐

195

银行里的钱

你现在有一些钱了，假设你已经决定不把它们放到储钱罐里，也不把它们藏到床垫底下，那么，现在你的这些钱足够开一个银行账户吗？当你新开一个账户时，银行通常会希望你在这个账户上存有一个最低限度的金额，以使它认为它给你开设这个银行账户是值得的。如果你账户上的钱太少，以至于小于银行要求的最低金额，那么，你就可能要为保有这个账户而交一点"罚金"了。所以，这是你要弄清楚的第一件事情。

这对你来说意味着什么？

银行可能会要求一个最低存款额。

作为交换，你得到的是：
* 一个存放你现金的地方。
* 一个投资你现金的地方。
* 一个带息的储蓄账户（关于利息的相关内容，请参见第 27 页）。
* 一张借记卡，它能够在 ATM（自动取款机）上提取现金，也能够在商店里进行刷卡消费。
* 甚至你还有可能会收到一两件免费的礼物。银行一直都在寻找新的年轻的客户。

你的年龄足够大了吗？

最大的问题是年龄。在许多国家，如果你想拥有一个你自己的银行账户，你必须年满 18 周岁，或者达到国家规定的其他法定年龄。但是如果你没达到法定年龄，也请不要灰心丧气，你的父母能够帮你获得一个你自己的账户，但这并不意味着这个账户是属于你父母的——你有隐私权，银行信件是寄给你的。

银行账户

在线账户（网上银行）

一般情况下，银行会为你开通在线账户（网上银行），因此，你可以随时随地查询你的银行余额和关注你的投资情况。

活期存款账户

所有银行都会为你提供一个活期存款账户——一个允许你自由存取钱的账户。当然，你也随时可以撤销账户。不过这种账户，你是得不到一分利息的，因为你的存款金额随时都会发生变动。然而，有些银行规定，如果存款余额达到了某个点，它还是会为存款人的活期账户支付利息的。因此，在你开设账户之前，你最好先了解一下。你应该要求银行每月都给你寄一份账单，或者让你能够在网上查询。

储蓄账户

为了确保你的钱能不断地"生钱"，你需要开设一个储蓄账户。储蓄账户种类繁多，这取决于你想要存放多少钱以及存多久。很显然，如果你把你的现金存放在银行里越久，那么，银行给你回报的利息就会越多。

越来越多的钱

对于钱来说，它最大的一个特点是本身的票面价值是不会丧失的。如果你的床垫底下放了 5 英镑，那么，当你隔很久以后把它取出来时，它仍然是 5 英镑。它虽然可能已经买不了当初那么多的东西了，但是它仍然是 5 英镑。

当你花钱买东西的时候，你要知道，世事多变，商品是会贬值的。那么，"贬值"是什么意思呢？它意味着随着时间的推移，你付钱买来的东西的价值开始下降了。有时候有些东西越老旧越不值钱。

在某种程度上，钱和物品是一样的：物品越陈旧，越不值钱，钱也是如此。物价的上涨只会使同样的钱买到更少的物品，这样，钱的价值就变小了。

对付这一切的唯一办法是，让你的钱越来越多。

赚取利息

当你把钱存入银行的储蓄账户时，你希望你的钱会越变越多。这是因为银行利用你的钱去做业务投资了，它要给你支付使用费，这个使用费就是利息。

利息是支付给贷款人的利润或报酬。利息让人很感兴趣，因为任何人都可以获得利息，让人们的钱变多一点点，有时候会多很多。

单利是指在你原有的存款金额的基础上计算利息，以下这张表格里所列的内容就是单利的计算情况。当你在银行里存入 1 英镑，存期 5 年，利息率是 10%。

年份	总投资	利息率	单利计算
1	1 英镑	10%	1.1 英镑
2			1.2 英镑
3			1.3 英镑
4			1.4 英镑
5			1.5 英镑

复利支付比单利更划算。利息率是一样的，存款的时间也是相同的，但是利息是按照总存款金额来计算的。利息也能赚钱，它能让你的钱生钱生得更快。以下表格是复利计算情况。

年份	总投资	利息率	复利计算
1	1 英镑	10%	1.1 英镑
2			1.21 英镑
3			1.33 英镑
4			1.46 英镑
5			1.61 英镑

你可以赚取利息，无论是复利还是单利。

花掉它

人人都爱花钱。花钱会让我们得到我们想要的东西，这让我们感觉非常美好。其实这并不难！只要你想花钱，这世界上从来都不会缺乏让你花钱的东西。但是如果你真想买东西而又确实没有主意时，你可以看看街上、杂志上、电视上，甚至是印在你的购物袋上的那些铺天盖地的广告。

明智地花钱

但是我们必须有责任地花钱。你只能花你手头上拥有的钱。如果你小心谨慎地花钱，一切都会安然无恙；如果你花钱大手大脚，不计后果，那么，你最终会让自己陷入麻烦当中。

钱的价值

当你的父母教训你，要你明白钱的价值时，实际上他们的意思是，要你知道如何明智地花钱。

你是哪类花钱者?

不会花钱者

* 你会把每一分钱都存起来。

* 你宁愿什么也没有，或者什么都凑合着用，也不愿意拿你的宝贵的现金去购买东西。

* 你什么也不花，让你的钱不断变多。

小心谨慎的花钱者

* 你会花钱，但在花钱之前你会仔细衡量你需要什么以及你想要什么。

* 或许你没有购买那些稀奇古怪的奢侈品的习惯，因此你能够节省下一点钱。

* 你节省下来的钱会积少成多。

大手大脚的花钱者

* 你不断地花钱，最后花得一分不剩。

* 你感觉很好，你看起来也很好，你拥有的物品堆积如山。

* 在你的朋友看来，你是一个"大人物"，是一个成功人士。

* 你口袋里装满了钱，它让你看上去充满了力量——可惜只是暂时的。

* 当这一切都烟消云散时，你从天堂跌入了地狱。

* 你将一无所有，无从应对突发事件。

* 你再也得不到你一直以来梦寐以求的东西，因为你已经买不起了。

* 你已经超支了，有时候你还不得不举债度日。

买东西（购物）

大多数消费都发生在商店里。今天，商店是一个极具现代化且令人目眩神迷的地方，商店里的商品琳琅满目，既富感染力，又让人爱不释手。但这只是近些年才发展起来的。

商店的发展

商店的发展历史很悠久，最早的时候，小商贩们或挑担提货，或牵着小马驹，走街串巷地吆喝买卖。

商店最早起始于主要街道上的露天交易，那时卖主寥寥无几，他们可能是一个屠夫，也可能是一个面包师，抑或是一个烛台制作者。

你的祖父母或者你的太祖父母一定还记得，在他们那个年代，服装店很少，没有出售光盘和唱片的音乐商店，当然更没有销售蒸汽熨斗和电视机的电器商店。

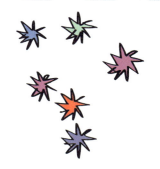

商店里的物品

你曾经期望在杂货店里买到金鱼吃的食物吗？在纸店里买到小发卡吗？在汽车修理厂里买到报纸吗？这些事情看起来似乎很奇怪，但它确实发生了。越来越多的商店都把它们的存货限定在那些最畅销的商品上。

一家商店能够出售各种各样的商品。有些老式的街角小店储存了当地社区所需要的所有商品。有些商店，比如说加油站商店，店主们知道，一旦你把车子停下来，走出汽车，便希望尽可能快地完成购物。

便利购物是新的发展方向。人们工作的时间越来越长了，而用于购物的时间却越来越少。无论你是本地人还是外地人，便利店外观给人的感觉都是差不多的，而里面销售的东西也大同小异。

价格

价格是很重要的。人们通常会对自己的支出定一个限额，如果他们在一种商品上花费多了，那么在另外一种商品上的花费就会变少。

当一种商品的价格上涨时，另一种价格更便宜的竞争性商品就会变得畅销起来。与每公斤2英镑的汉堡相比，人们更愿意购买每公斤1英镑的汉堡。

203

去购物

你最喜欢哪家商店或商铺？你肯定会有几家自己喜欢的商店。关于我们的购物习惯的一个最令人惊讶的事实是，我们总是倾向于一遍又一遍地光顾少数几家自己最喜欢的商店，而很少改变自己的购物模式。我们喜欢这些商店陈列商品的方式，喜欢它们销售的物品，或许我们还喜欢它们的员工。

我们喜欢这样。当我们在逛商店时，那里的一切都是我们所期望的。我们不需要惊喜，我们只要感觉舒服就可以了。商店的设计人员知道这一点，因此他们尽量对商店的布局不做大的变动，这样我们就一直会拥有一种宾至如归的感觉。

购物氛围

不同商店的布局千差万别，从堆满盒子和物品的杂货店，到装有许许多多低光照明灯的、亮光闪闪的、布置简洁的手机店，五花八门，各式各样的都有。无论商店做何种装饰，店家无非是想营造一个最佳的购物氛围。

生活情调

如果商店销售的是那种强调生活情调的商品，那么，它可能会拥有一个更宽敞的过道，布置成冷色调，只在比较显眼的地方摆放一些经过精挑细选的物品，以及一两把坐椅，并伴以轻柔的音乐，这些会让你感到很奢华。

熟悉感

我们每个人都只会到少数几家自己喜欢的商店去购物。在逛街时，我们总是会重复相同的路线，总是对一些商店视而不见，总是走进那些早已非常熟悉的商店；即使有新的门店开张了，我们也很少会改变自己的购物习惯。我们知道自己喜欢什么。

购物点

　　这里说的购物点是指商店内的购物地点，有时也被称为销售点，它是你接触商品的地方。具体地说，它指商店里的某个放置商品的货架。但是所有物品的摆放都是随机的吗？或许它们只是你碰巧停下来的时候被你看到并被你选中的吗？当然不是！

　　店家知道，多达四分之三的物品都是被那些随意闲逛商店的人买去的。他们花在每个货架上的时间只有10秒钟，因此，每件物品都必须摆放在合适的位置上，必须在人们的视线范围内，而且还必须在人们触手可及的地方。这些物品的包装必须能够吸引顾客的眼球。

　　购物同时也是一种娱乐消遣。有些商店采用独立式陈列，它意味着你必须绕着商品走，或者要走到商品的背面，或许你还得抬起头来或俯下身子去看。这是一种捉迷藏式的设计，它会让你备感兴趣，让你充满遐想。

　　让购物变成一种乐趣吧！

色彩缤纷的购物点吸引了你的注意力

我们一遍又一遍地去同一家商店购物

整洁的橱窗陈设吸引了经验丰富的买家

205

物美价廉的商品

我们都喜欢物美价廉的商品，没有什么会比买到这类商品更让人感觉良好了。如果你为了能够买到便宜一点的商品，为了找到减价商品或者特惠商品，愿意多花点时间一家一家商店地去搜寻，那么买到便宜的物品并不难。

小摊贩

街头小摊贩总是把摊点摆在街角，卖的东西似乎与商店里的东西是一样的——除了他们的东西特别便宜之外。但请你记住，如果你基于某一理由想退回商品时，这些摊贩第二天未必依然会在那里。除了这种风险之外，街头小摊贩的好处是，能够为你提供良好的交易，他们销售清仓货物，或者从已经倒闭的公司那里进货。

有很多地方可以找到它们!

因破产而打折甩卖的物品

破产公司所销售的物品，通常都是破产公司自己的正品。这将是一桩不错的买卖，但是请你一定不要忘记核实你有没有获得保证——当物品需要修理或者销售员弄错了需要更换时的一种保证。你必须弄清楚，他们有没有多余的零部件可供替换，因为制造商并不在当地，可能无法及时更换出了故障的商品的零部件。

网上购物

网上购物应该会更便宜，毕竟在商品的价格中不必包含门店成本，也不需要高楼大厦和销售人员。但网上购物最大的问题在于，商品的照片看起来比商品本身更具诱惑力，实际商品的颜色可能与你在照片上看起来的有些不同，面料会让你失望，等等。如果发生这种情况，你可以选择退回你不喜欢的商品。但是，请记住，拆封商品时一定要小心，因为如果你想获得全额退款，你得按原样原封不动地重新把商品包装好。你还得保存退货记录。

直销店

直销店是近些年才出现的廉价购物场所。每类商品的设计者和制造商每年都会改变他们的设计和库存物品，有时候甚至一年还不止一次。因为老产品必须为新产品让路。直销店往往专营设计师的品牌和季节性的时尚用品，这些用品会被嵌入一个智能标签，因此，即使你购买的商品已经被用了一个季节了，但智能标签仍能体现这件商品的独特性。

慈善商店

慈善商店里满是便宜的商品。它们只销售获赠的最优质的商品，商店里面可能什么都有。你购买店里的商品，就等于是你在做好事。每一家慈善商店实际上都是在为某一事件筹集资金，你每一次小小的购买其实都是对慈善事业的贡献。

被迫购买

随着你年龄的增大，被迫购买的情形会日渐增多，有些可能是来自于你想购买的商品的公司，还有些可能来自于已经买了商品的你的朋友。生产商需要做广告，以告知消费者有关产品的信息。有些广告也是劝说性的，以劝说消费者购买它的商品。有些广告则是诱导性的，它让你觉得你有必要购买它的商品，而实际上你根本就不需要。

"圈子成员"

广告商相信你是喜新厌旧的。他们认为你不会忠诚于任何一个品牌，你会改变你的消费倾向，把目光转移到任何一个更酷的或者更为时尚的商品上。你是这样的吗？

广告商运用广告的技法十分巧妙，几乎所有的广告或多或少地都会运用一些手法。广告会适时地告诉你，如果你不买它推广的商品，那么你便落伍了，你不再是"圈子里的一员"了，并且除你之外，其他人都做出了正确的选择，而只有你却一无所知。

但是，请你做那个特立独行的人吧！你只购买那些你需要的东西吧！虽然那些广告中的产品是那么的与众不同，也是那么的新奇。

请认真权衡广告上的产品……并做出自己的选择。

来自同龄人的压力

抵制同龄人的压力并没有那么容易。在日常生活中，我们需要社会认同感，模仿同学和朋友，翻看时尚杂志，通过别人对你的言行举止来判断自己，所有这些都是我们渴望获得社会认同的表现。你必须鼓起勇气，让自己在人群中脱颖而出，做适合自己做的事。

做你自己

我们要做最适合自己做的事，穿适合自己穿的衣服，表达自己的观点，只做自己，不要让自己成为别人的翻版。

请你务必记住，说到底，世界各地的制造商、零售商和广告商，都是以"你"为模型的，然后让别人来模仿"你"。他们是通过创造大众时尚、塑造大众态度以及引导大众购买潮流而赚钱的。

成为"圈子里的一员"会让你有舒适感，但是请你不要让自己受同龄人太多的影响。

铺天盖地而来的信息

为了让你乖乖地掏出钱，广告商们每年都会花上数十亿美元来做广告，而你每年都会看到成千上万个广告。这对你来说是一个巨大的压力。一般的青少年在 15 岁之前大约会收到包括广告在内的大约 25 万条媒体信息。

真是浪费

你的衣柜里到底有多少条牛仔裤、有多少件 T 恤衫和衬衫，以及其他从未穿过的衣服？有可能它们从来都未曾被你取下过衣架吧？我们购买东西时的理由各式各样，但是很少是因为我们缺少和需要它们。更有可能是基于其他的某个理由，而且在很多时候，这个理由可能是毫无道理的。

选不胜选

如果你想要一个巧克力棒，摆在你面前可供选择的品种会有 20 种之多。需要一份早餐麦片吗？品种有 12 个。羊毛衫的款式，有 100 种。杂志呢？依然如此。食品、服装、娱乐，品种繁多，五花八门，让我们选不胜选。

回到过去的"好"时光……

曾经有一段时间，这些东西被认为是我们生活的必需品。然而，事实上，在第二次世界大战结束之后的一段时间里，也就是在 20 世纪 50 年代，你必须持有购物证才能购买商品。也许你的某位家人还记得这些事。这并非是很久以前的事。但是如今，随着世界各国的物品不断互相涌入各国，物品早已过剩，大家再也不用为了一条冬季短裤而排队了。

购物狂

　　相比于那个限额配给的"著名的"年代，毫无疑问，现在的我们已经被宠坏了。我们所有人几乎都是购物狂。我们浪费成性，因为物品已经不再是新的了，我们便毫不吝啬地随意丢弃。我们扔掉食物，并不是因为它们已经变质了，而是因为我们有了更新鲜的食物。我们扔掉衬衫，是因为把它送到干洗店去清洗比重新买一件更贵。

过度消费

　　在许多发达国家，不少人已经成了"专家级"的消费者，他们一方面过度购买，另一方面又会毫不犹豫地扔掉一些他们购买来的物品。据统计，在英国，人们扔掉了他们购买的食物的30%。一个事实是，我们大家都太过于浪费了！

堆积如山的废弃物

借钱与债务

　　然而，不管你怎么努力来计划你的预算，还总是会出现钱不够花的时候。当你急需用钱时，你却已经把钱花光了，这就会产生一个问题，即你必须请求别人的帮助。你必须找到一个愿意借钱给你的人，并且是在条件不太苛刻的情况下借到钱。

向朋友借钱

　　朋友比其他人更有可能借钱给你——无息贷款。换句话说，你还给朋友的钱跟你向朋友借的钱的数额是一样的，不需要支付额外的利息。不过话虽如此，但任何借款都是举债，举债终归是一个不受欢迎的坏习惯。

　　当你向朋友借钱时，你的朋友可能顺带请求你帮他一个小忙，当然，你很难拒绝这样的要求。

　　总之，请你记住，即使借钱这种事只是偶尔为之，那也是一种债务，而不是一份礼物。当其中一方欠债不还时，时常会危及双方的友谊，并最终导致两人关系的破裂。

向父母借钱

就像偶尔向朋友借钱一样，你或许偶尔也会向你的父母借钱，不过并不总是如此。依据借款金额的多少，你需要与你的父母协商好，借多少就还多少，而且还要约定什么时候归还。

并且还要记住，如果你不履行自己的承诺，那么，你将再也无法从你的父母那里借到更多的钱，或者得到他们的帮助和救济。对此，你的父母会郑重地告诉你，你没有第二次机会了。他们当然是正确的！如果你已经有胆量向他们借钱了，那么，你肯定已经长大到足以能够承担还款的责任了。

你的父母可能会向你收取利息，不一定是金钱方面的利息，他们可能会要求你做一些额外的家务活或者学会某项礼仪。

借钱和信贷

或许现在你仍然处在向父母要零花钱的年龄阶段，我们在这个时候警告你有关债务的危险，似乎是一种奇怪的做法。不过，我们这里的主要目的并不是给你一个建议，而是让你意识到举债的后果。

明白借钱的后果

太多人都陷入了债务越来越多导致的困境当中，因为他们没有意识到，一旦他们欠债了，事情就会变得更为艰难。如果欠债不还，信用卡公司和银行就会向借款人施加压力，他们有可能再也无法向它们寻求帮助了。所以，如果你现在就意识到举债的后果是什么，那么将来当你需要借钱的时候，你可能就会仔细思量了。

无法还清的借款

债务只有在你没有能力还款时，才会成为一个问题，因此，无论如何你都要避免这种情形出现，即使这意味着你无法得到你所要的东西也如此。

当事情真正变得非常糟糕的时候，便会有被人们称为收债人的人到你家里来了，他们会搬走所有你支付不起的东西……想象一下，那会有多么糟糕！

214

欠债——困难的事儿

当你向某人或者某公司借钱时，债务便发生了。

借钱的唯一诀窍是，必须保证过一段时间你能够还清你所欠的钱；如果你不能做到每个月都有足够的钱来还款，那么，请你不要借债。这看起来似乎很容易做到，但是很多人却做不到——很多时候这并不是他们的错。任何举债都是有风险的，因此，你应该把风险降到最低程度。

什么是负债？

负债的结果有可能是相当糟糕的：
* 你总是焦虑不安。
* 你无法随心所欲地花钱。
* 你所有的余钱都将用来支付一些费用或者逐日增多的债务利息。
* 你看不到出头之日。

什么是信用额度？

信用额度是指固定金额的贷款。贷方决定贷给你多少钱，这取决于你的个人财务价值和净资产状况。与其他所借的款项一样，你同样可以花费你所贷来的款项，但是你也必须偿还贷款。如果贷方没什么问题的话，那么，你偿还贷款也不会有太多麻烦。不过，许多公司都陷入了麻烦。一些信贷方贷出的款额太多了。这样问题就来了。

做好预算

做好预算

做好预算是最简单的理财方式。它并不是最令人激动的事情之一。实际上，消费，甚至是储蓄给人带来的感觉，都远远胜过预算。但是预算是那种会变得越来越简单的事情之一（一旦你开始做了）。

预算就像是去看牙医。这是一个艰难的选择，但你知道它对你有好处。

我能负担得起吗？

做预算意味着你承认你的货币来源是有限的，这并不是一件好玩的事。这也表明你很清楚，你想要做的事情远远多于你负担得起的事情。

一个好消息是，一旦你做好了预算，无论你如何花费，你都不会感到焦虑，而且你的钱也都会花在刀刃上。

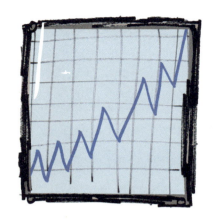

是的，我能！

　　如果你做好了预算，几乎可以肯定地表明，你会有足够的钱去做一些你想做的事情。你可能必须花一些时间存钱来实现你的愿望，甚至可能还要再多等一些时间。你可能不得不分批地购买你想要的东西，而不是一次性地把想买的东西全部买下，比如说，你的 CD 集或者你冬天穿的衣服。

不，我不能！

　　让你推迟做某件你想做的事，或者推迟购买你认为你必须买的东西，并不是一件容易的事。因为我们生活在一个事后兑现承诺的世界中：现在就买吧，然后再考虑付款的事情；用信用卡就行了，等账单到了再考虑怎么还款……

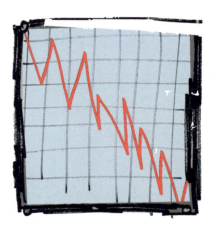

　　如果你是这样做的，那么几乎可以肯定地说，你会因为这种没有预算的糟糕习惯而受苦受累。当然，你或许可以找人来帮你，因为你还小，或者你并不知道怎样才是更好的，但是不幸的是，世事难料。在现实世界中，那个唯一能帮助你的人可能会向你索取一大笔钱。

首先，预算需要自律。

统计结果如何？

吞世代青少年

青少年（13～15岁）特别精明。他们收到的钱多，花的也多，他们试图拥有隐私，想摆脱家长的束缚，想从规则和日常规范中解放出来。他们生活的重点是寻求乐趣、追求时尚和交友。

被称为"吞世代"（8～12岁）的数以百万计的群体，比以往任何时候都具有更强大的消费力。这是因为他们的父母往往都忙于工作，会给他们很多钱，以此来减轻自己的负疚感。以下是关于吞世代的一些统计数据：

* 平均津贴为每周8英镑。
* 吞世代喜欢装老成，也希望自己看起来更成熟，像他们的哥哥和姐姐，他们也倾向于使用更成熟的产品。

* 他们热爱手机。

移动世界

手机是吞世代朋友之间保持联系、玩游戏以及找到最新时尚配饰的宠儿。

* 目前全世界有超过10亿部手机。
* 在英国，有60%的年轻人（100万）拥有自己的手机或被准许使用他们父母的手机。
* 现在拥有一部自己的手机的平均年龄为14岁。
* 短信是吞世代交流的高端方式。

向你发送广告

* 你通常会在晚上或者每周六早上的某一特定时间看电视吗？
* 你认为以你为目标顾客的广告太多了吗？
* 你认为以你为目标顾客的有关甜食和快餐的广告太多了吗？

嗯，你的回答应该是肯定的！

时刻都有一大批统计人员在关注着你，他们记录着你的一切：你消费了多少，在哪儿消费的。这是因为你花得太多了。你对你所生活的国家的经济做出了巨大的贡献，因此零售商们和制造商们想知道你的一切。

挥金如土者

你所花的钱（每年 2 300 美元）的大部分（60%）来自于你的零花钱或补贴。其余的则来自于你做家务所得，或者你以礼物的方式得到的，或者是你打零工所得。

* 但是，谁花的钱最多？是女孩吗？抑或是男孩？
* 谁最会节约用钱？是女孩吗？抑或是男孩？

第一个问题的答案是女孩。女孩每个星期的花费都要超过 13 英镑，而男孩每个星期的花费则只要 11 英镑多。

你的钱都花到什么地方去了？

* 你三分之二的钱都花在了糖果和巧克力上。
* 女孩们把剩下的钱都花在了衣服、鞋子、杂志和化妆品上了。
* 男孩们则把剩下的钱都用在了更多的食物和饮料、电脑游戏、视频和 CD 上了。

你的选择

你最喜欢把钱花在哪方面，请在以下选项中打勾：

* 电影 / 音乐会。
* 衣服。
* 糖果和零食。
* 鞋子，包括运动鞋。
* 电脑游戏。
* 体育赛事。
* 书籍。
* 移动电话和手机卡。
* 杂志。
* 化妆品和化妆用具。
* CD、影片。
* 其他。

上述事项你都做过预算了吗？当你看到一双昂贵的运动鞋时，你会：

* 把钱存起来，直到你买得起为止。
* 通过做家务挣钱。
* 缠着父母要额外的现金。
* 要求作为生日礼物提前送给你。

你能从你的答案中领悟到什么吗？

把钱捐给别人

　　世界上需要我们帮助的人有很多很多。如果你经常看电视上的新闻报道，或者浏览报纸上的"求助"栏目，那么你必定意识到了，生活于贫困的国家或者饱受战乱的国家的人们，生活是如何的艰难。如果你打算关心世事或者关心那些求助于你的人，如果你打算成为一个"地球公民"，而不是一个冷漠的消极被动的人，那么现在就是你该关注这些事情的时候了。

因为战争或灾难逃离家园的难民们。他们住在临时搭建的棚户里，直到能够返家那天为止

每一个小小的帮助

　　我们每个人都有需求和欲望。需求是指我们对那些生活必需品的需要，比如说对食物、水、衣物等。欲望是指我们对那些我们认为它们是我们必不可少的东西的需要，比如说冰淇淋、电子游戏和名牌服装等。但是，即使没有这些能够满足我们欲望的东西，我们也一样能够生活下去，因此，我们有能力去帮助别人。当你看到难民们的照片，知道了他们的悲惨经历时，你可能根本不知道应该如何去帮助他们。

　　但是，事实上，每个人的每一个小小的帮助都确实能发挥作用。

需要帮助的儿童每人分得一箱来自海外援助的餐点

帮助国外的穷人

我们每天都能听到一些有关可怕的贫穷和饥饿的国外新闻。当你听到这些新闻时，可能只是耸耸肩，觉得这是别人的事，与你毫不相干——毕竟这些离你太遥远了，而且你会想他们国家的政府为什么不帮助他们。

但是，当少数人拥有大量的钱，而大部分人却在为他们的生活而乞讨时，这事儿似乎就不怎么和谐了，有可能需要我们去改变些什么。我们每个人都能够为此贡献自己小小的力量，要知道，积少成多，众志成城。

无家可归的人

即使在富裕的国家里，也还是有许多无家可归的人。请为慈善事业做点贡献吧！帮助那些无家可归的人，让他们不再露宿街头，给他们一个容身之地吧！

感觉很棒

给那些生活不如你的人捐款，并不是为了让你感到自己很神圣，或者让你感到沾沾自喜。而是让你明白，因为你的给予，世界上某个地方的某个人今天有了一口饭吃。

这样，你就会觉得你做了一件有意义的事情。

慈善机构

伸出援助之手

慈善机构是这样一些组织，它们以各种方式去帮助那些处于困难中的人。你可能已经听说过许多著名的慈善机构，或许你可能还偶尔得到过它们的帮助呢！

如果你第一时间奔赴灾区，紧急救援需要救助的人，并同时长期为灾区工作，改善当地的教育和医疗卫生状况，那么，这还会给你带来良好的声誉。

基金会

基金会也是慈善机构，它们是由一些资金雄厚的公司、个人或家庭提供资金，为支持某些项目而设立的。各种基金会都可以把特定的资金用于慈善事业。这些基金会的收入不需要缴纳税收，因此它们和你捐款的钱可以全部拿来做慈善事业。

帮帮这个可怜的孩子吧！

帮帮这个穷人吧！

筹集资金

你可以发起慈善步行活动。在这样一个慈善赞助活动中，你必须围绕当地公园和较偏远的树林行走。你每走一公里，各种各样的朋友和家庭就会赞助你，金额是每公里 10 便士。你可以作为某个慈善小组中的一员，也可以与你的家人一起步行，当然，你还可以与你的同学一起参加这个活动。如果除你之外还有另外 50 个人与你同时在做这件事……那么，你们所筹得的款项将会是一笔大数额。

你应该捐赠多少钱，这完全由你自己决定，你当然应该选择一个让你感到舒服的数额。不过，请你记住，万丈高楼平地起，无论你捐的金额多么少，只要你定期捐助，你的捐助都将会变得非常有意义。

而且不要忘记，捐钱只不过是帮助别人的一种方式而已，你还可以捐玩具、书籍和衣服给这些慈善机构，所有这一切都将对有需要的人有所帮助。

富裕与贫穷

很多人认为，如果他们更富有，那他们会更快乐。诚然，衣食富足、生活无忧的人，比那些衣不蔽体、食不果腹、贫困潦倒的人更幸福。但是，一旦你已经过上了舒适的生活，那么是不是更多的钱会带来更多的快乐呢？自然，富有并不能保证幸福，富有并不是得到快乐的唯一途径。

为财富而奋斗？

伟大的印度领袖莫罕达斯·甘地认为，幸福来自于简单的生活。就像那些信奉佛教的人一样，他以拒绝财富作为实现他人生信条的一种手段，他甚至自己动手缝制衣服。

那些认为幸福会随财富而来的人发现，他们自己正艰难地爬在一个上升的斜坡上，他们为了让自己更加富有，正不断地奋斗，但却因为爬不上顶点而变得越来越不快乐。最后，他们觉得自己就像是一个失败者，因为他们永远也站不到最高处。他们不知道，知足是幸福的钥匙。

有了一切之后

一个人收入的多少，决定了他们可以购买的物品的数量的多少。如果一个低收入者决定花 1 000 英镑到世界各地去旅行，那么，他将不得不在衣、食、住等方面削减开支。但是，如果是一个富有的人做出同样的决定，那他就不需要在任何方面削减开支。

一些人如果收入越高，那么他们花费的也就越多——主要都是花费在所谓的常规商品上，如食物、度假和娱乐。但他们通常很少会买所谓的低档商品，公共交通就是一个例子。这些人不会去乘坐公交车，而是自己开车。

慈善家

一些富人不仅仅会把钱花在自己身上，他们也会向慈善机构捐出数以百万计的款项，或者以各种其他理由支持慈善事业。这些人通常被称为慈善家。"慈善"意味着帮助他人。

虚拟货币

　　在将来，你可能会完全抛弃今天所看到的硬币和纸币，在所有的交易中，你将代之以使用像信用卡或借记卡这样的塑料卡片。换句话说，货币将会实行电子化，或者，更进一步地，连这些塑料卡片都有可能消失。

　　那么，当钱看起来不再像钱的时候，钱又怎样才能成为钱呢？事实上，到那时，它看起来不像任何东西，因为你甚至都看不到它。你肯定不可能把它捡起来，也不可能把它放进你的钱包中。

　　电子货币就是那种在银行与银行之间、个人与个人之间进行转账并由电脑控制的钱。使用某些特殊的代码，计算机很容易就可以把钱从一个地方转移到另一个地方。

这种货币不一定是真实的，但它可以是虚拟的。

虚或实？

这种钱称为虚拟货币或虚拟钱币。"虚拟"指的是那些不以实物形式存在的你看不见、摸不着的东西，但是计算机软件却能够看得见、摸得着它。它虽不以实物形式存在，但是却与实际存在的事物非常接近。

你会信任这种虚拟货币吗？或许你并不信任，但虚拟货币的运作与真正的货币一样，越来越多的人已经开始使用它了。就像传统的钱一样，这些货币能够用来购买实物商品和服务。

比特币

在这类货币当中，比较流行的是比特币。比特币的制造和储存都实行了电子化。储存你的比特币的储钱罐实际上就是你的计算机。为了安全起见，比特币使用加密信息进行交易，因此它不可能被复制或被盗用。它不属于任何银行或任何其他机构，因此没有人能够干涉或控制它。

每个比特币都有一个代码，所以，如果你用它来买东西，便会有交易记录，之后，你就再也不能用这个比特币去购买其他任何东西了，因为它已经被用完了。因此，你在使用比特币进行消费时，其实就像是在使用真正的货币。

未来……

　　在你的有生之年，你可能会亲眼见证那些叮当作响的硬币以及纸币的终结。现在，实时处理全世界每个角落每一分每一秒都发生着的巨额交易的技术已经日趋成熟，很有可能在未来的 10 年内，钱让我们看到或感觉到的变化比过去 6 000 年内的变化还要大。

钱不断地被转账

　　今天，巨额资金以这种方式在世界各地转账。明天，也许我们在交易过程中使用的全都是电子货币。你的一生当中可能会使用这种货币数千次，但是可能你永远也看不到一分真正的钱。

钱啊钱

所有这一切可能并不会对你造成太大的影响，除非你最终在金融公司工作。但是你还是必须赚钱、支付账单。你年纪越大，经你转手的钱就会越来越多，而且钱越多，你需要负的责任也就越大。

因此，你对有关钱的知识掌握得越多，你将来也就越能够更好地了解它和处理它……

……你也将能够更得心应手地控制你手中的钱。

讨 论

钱是长在树上的吗？

几乎每个人都希望钱是长在树上的。如果真是这样的话，那么生活可能会简单得多，同时我们的地球上也会拥有更多的森林。

但与我们的愿望相反的是，货币是有价值的，它可以用来交换同样具有价值的商品和服务。它是一种宝贵的东西。你花掉的每一分钱都必须是挣来的——通常是你父母每一个小时每一个小时辛苦工作挣来的工资。

你是怎么挣钱的？

如果你够幸运，那么你会得到一些补贴，这些补贴可以随便你花费。然而，许多父母认为，零花钱应该是孩子自己挣来的。你可以通过帮忙做家务活或做一些跑腿的工作而挣些零花钱。那么，你做哪些工作会帮到你的家庭呢？你可以问问你的邻居或家人或朋友，他们愿不愿意为家务活而支付给你工资。

什么样的购物习惯是不好的？

如果你真的需要买东西的话，那倒不算什么。但是，请不要为了娱乐而购物。请记住，家庭预算分为必需品和奢侈品两大类，因此，你需要明智地消费。最好的办法是，养成列清单的习惯，然后一直保持下去。你能想出其他让你控制自己消费的办法吗？

为什么你需要一个银行账号？

　　银行账号对你的父母亲来说是必不可少的，因为有了它，他们就可以把自己的钱安全地存放起来，而且还可以利用它支付账单。你可能有自己的储钱罐，那里存放着你的补贴和多余的零花钱，你也可以把钱存到银行里去。

　　如果你每周或每个月都存一点钱到银行里，之后银行会支付给你利息吗？讨论一下，你如何才能开立一个银行账户，以及想用你存下来的钱购买什么东西。

为什么你需要做好预算？

　　或许你已经发现，你所拥有的钱根本无法买到你所想要的每样东西，那些昂贵的物品对你来说是遥不可及的。但是，储蓄会让你的钱越来越多。如果你知道你为什么要储蓄，储蓄会给你带来什么好处，那你存钱的速度就会更快。

　　你为什么不创建一个愿望清单，以便知道需要在自己的账户里存够多少钱？你甚至可以给自己一个挣钱的期限，在某个日期之前存够钱。

译后记

近年来，金融素养已成为培养孩子全面发展的一个重要方面。早在 20 世纪 30 年代，美国就开始了对中小学生进行与生活密切相关的理财教育。如今，美国中小学理财教育日趋成熟，主要围绕让中小学生正确地"认识钱、花钱、挣钱、借钱、分享钱以及让钱增值"而展开。在英国，随着金融理财教育的需求不断上升，金融监管局将个人理财知识纳入 2008 年实施的《国民教育教学大纲（修订）》中，要求中小学校必须对毕业生进行良好的金融知识教育。我国周边的国家如孟加拉、斯里兰卡等，也早已开设了此类课程。

中国的孩子也同样对生活中的金融知识充满渴求。2014 年春节期间，《新京报》记者调查了北京 90 名 10～13 岁的孩子，结果发现，孩子们平均收到了 4 867 元压岁钱，比前一年上涨了 5%，其中收得最多的孩子，压岁钱有 2 万元，而一半以上的孩子收到的压岁钱在 1 000～5 000 元之间。孩子们的压岁钱该怎么处理？一部分家长的做法是直接"据为己有"：要么存入自己的银行账户，要么用到家庭的日常开支及急需的事情上。虽然也有些家长孩子的主体意识和理财意识比较强，但多局限于将孩子的压岁钱存入银行、做定投基金和购买保险等方面。其实，多数孩子都渴望由自己来管理这笔数额不少的钱，但苦于没有一定的金融和理财知识，除了交给父母或买点零食、添加一些课辅用品等之外，也不知道怎么办。因此，及时地向他们普及金融知识，让他们学会理财，应该是时候了。

华夏出版社从英国引进的《财富全知道——让孩子从小学会理财》确实是应时应景之作，它涉及四个主题——世界货币、国家货币、家庭理财和个人理财，它们相互补充，构成一个整体，以孩子们喜爱的绘本形式，把晦涩难懂的国际金融、货币、贸易、经济知识转化为生动有趣的语言，用最浅显的语言全面地阐述了"金融的逻辑"，让孩子们在轻松愉悦的阅读过程中全面触摸金融知识。

完成本书，我要特别感谢我的儿子贾岚晴，这本书献给已是小学生的他。我还要感谢我的先生贾拥民，感谢他一直以来对我的支持、鼓励和帮助。感谢我的母亲蒋仁娟、父亲傅美峰对我儿子的悉心照顾，使我得以安心从事翻译工作。我的朋友和同事傅晓燕、鲍玮玮、傅锐飞、傅旭飞、陈贞芳、郑文英等，也给予了我很多支持和帮助，在此一并致以诚挚的谢意！

感谢华夏出版社一直以来对我的信任！

傅瑞蓉

2015 年 11 月于杭州

绿色印刷　保护环境　爱护健康

亲爱的读者朋友：

　　本书已入选"北京市绿色印刷工程——优秀出版物绿色印刷示范项目"。它采用绿色印刷标准印制，在封底印有"绿色印刷产品"标志。

　　按照国家环境标准（HJ2503-2011）《环境标志产品技术要求 印刷 第一部分：平版印刷》，本书选用环保型纸张、油墨、胶水等原辅材料，生产过程注重节能减排，印刷产品符合人体健康要求。

　　选择绿色印刷图书，畅享环保健康阅读！

北京市绿色印刷工程

图书在版编目（CIP）数据

财富全知道：让孩子从小学会理财 /（英）怀特海德，（英）劳，（英）贝利著；（英）比奇插图；傅瑞蓉译 . -- 北京：华夏出版社，2016.6

书名原文：Money Works：World Money，Country Money，Family Money，Your Money

ISBN 978-7-5080-8814-3

Ⅰ . ①财…　Ⅱ . ①怀…　②劳…　③贝…　④比…　⑤傅…　Ⅲ . ①财务管理—儿童读物　Ⅳ . ① TS976.15-49

中国版本图书馆 CIP 数据核字（2016）第 098734 号

Money Works：World Money，Country Money，Family Money，Your Money

Copyright © 2014 BrambleKids Ltd

All rights reserved

The simplified Chinese translation rights arranged through Rightol Media（本书中文简体版权经由锐拓传媒取得 Email：copyright@rightol.com）

CHINESE SIMPLIFIED Language adaptation edition published by BrambleKids Ltd., and HUAXIA PUBLISHING HOUSE Copyright © 2016

All Rights Reserved

版权所有　翻版必究

北京市版权局著作权合同登记号：图字 01-2015-2441　01-2015-2440
　　　　　　　　　　　　　　　01-2015-2438　01-2015-2439

财富全知道——让孩子从小学会理财

作　　者	［英］威廉·怀特海德　　［英］费利西娅·劳　　［英］格里·贝利
插　　图	［英］马克·比奇
译　　者	傅瑞蓉
责任编辑	李雪飞

出版发行	华夏出版社
经　　销	新华书店
印　　装	北京中科印刷有限公司
版　　次	2016 年 6 月北京第 1 版　　2016 年 6 月北京第 1 次印刷
开　　本	787×1030　1/16
印　　张	15.25
字　　数	153 千字
定　　价	78.00 元

华夏出版社　地址：北京市东直门外香河园北里 4 号　邮编：100028
　　　　　　网址：www.hxph.com.cn　电话：（010）64663331（转）

若发现本版图书有印装质量问题，请与我社营销中心联系调换。